Aurélien [illegible]

AU CŒUR DES TROUS NOIRS

Pour Soizic, en amitié !

DUNOD

Du même auteur chez le même éditeur :

Big bang et au-delà
Des univers multiples
Forme et origine de l'Univers
De la vérité dans les sciences

Soutenu par le laboratoire d'Excellence ENIGMASS

Les illustrations (intérieur et couverture) ont été réalisées par Lison Bernet, à l'exception des images p. 35 © Alain Riazuelo ; p. 51 © Ute Kraus ; p. 117 © Avery Broderick.
Composition : Soft Office

11 rue Paul Bert, 92240 Malakoff
www.dunod.com
ISBN 978-2-10-074849-5

Préambule

« Tout au bord de ce trou noir et profond
comme un œil, ils se penchèrent
et l'on ne sait quel vertige les prit. »

Jean Genet, *Miracle de la Rose*

Énigmatiques et symboliques, les trous noirs condensent beaucoup de nos fantasmes et de nos angoisses. Scientifiquement, certains aspects de ces objets sont bien compris, mais d'autres restent tout à fait mystérieux. À eux seuls, ils convoquent une grande partie de nos savoirs et les poussent à leur paroxysme. Dans un trou noir, l'espace se change en temps, le temps se transforme en espace et nul ne connaît la véritable nature de la singularité centrale. Quand la physique quantique s'invite dans la partie, l'image devient à la fois inextricablement complexe et presque dangereusement belle.

Ce petit ouvrage entend montrer au néophyte ne disposant d'aucune connaissance préalable en physique ou en astronomie quelques aspects de la fascinante étrangeté des trous noirs. Sans viser à une exhaustivité systématique, j'ai tenté de passer en revue l'ensemble des propriétés qui me semblent essentielles, en me fondant autant que possible sur l'actualité scientifique.

Évitant systématiquement le recours aux mathématiques et aux démonstrations subtiles, ce dialogue tente de rendre accessibles les grandes énigmes des trous noirs sans sacrifier, autant que faire se peut, à la rigueur et à l'exactitude. J'y présente autant les résultats acquis et bien maîtrisés que les errances auxquelles notre physique est encore confrontée. Il s'agit donc non seulement d'un point d'accès à la relativité générale, en termes aussi simples que possible, mais aussi d'une tentative d'ouverture introductive à la science spéculative encore en devenir.

Et que le lecteur ne s'étonne pas des prénoms inhabituels des protagonistes, leur sens se dévoilera au cours de la progression dans le texte !

1

Qu'est-ce qu'un trou noir ?

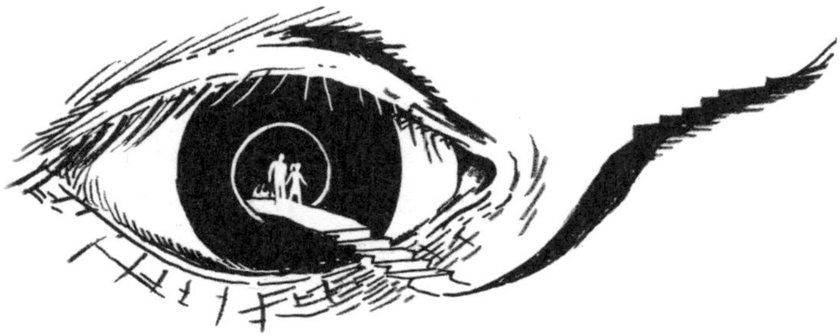

Dans la bibliothèque où ils discutent souvent le soir tombé, Héliogabale et Hécate abordent aujourd'hui la question des trous noirs. Inconfortablement installés – parce que trop de confort nuit toujours à la santé des idées – ils s'interrogent : les trous noirs existent-ils vraiment ? Sont-ils réels ?

Héliogabale : Tu devrais peut-être aller te coucher. La nuit est déjà très noire. Ne néglige pas le temps des songes.

Hécate : Non. Demain est un autre monde. Je veux savoir maintenant. Demain, c'est toujours trop tard, tu sais bien qu'on pense toujours mieux dans le hors-temps de la nuit.

Héliogabale : Oui, c'est vrai… J'aime quand tu touches le réel, comme ça, avec la simplicité de l'absoluité.

Hécate : Ne sois pas si sentencieux ! Parle-moi plutôt du ciel. Parle-moi des étoiles, des météorites, des planètes et des comètes. Parle-moi des trous noirs.

Héliogabale : Mais ça n'a rien à voir. Il y a peu de liens entre tout ce que tu évoques. Tu sais, le Cosmos est vaste et diversifié. Foisonnant et diapré. Des quasars aux pulsars, des étoiles à neutrons aux naines blanches, des astéroïdes aux gaz interstellaires, des ondes de choc aux halos magnétiques, l'Univers, pourrait-on dire, est nombreux.

Hécate : Tout cela est vraiment réel ?

Héliogabale : Cite-moi une chose « vraiment réelle ».

Hécate : Ma naissance.

Héliogabale : Oui, tu existes, c'est indéniable. Intensément. Mais n'oublie pas que les particules qui composent ton corps, les quarks et les gluons, ont l'âge de l'Univers. En un sens, ton corps a plus de 13 milliards d'années. Tu es – aussi – née avec le Big Bang. Tu pourrais même aller au-delà de cette réflexion sur toi-même et te demander si un champ magnétique existe ou s'il est une projection humaine sur le réel. Une équation physique est-elle le réel en lui-même ou une simple manière, parmi d'autres, de l'appréhender ? Je crains que toute réponse à l'emporte-pièce sur ces questions soit insensée. Il y a en effet ici matière à de nombreuses discussions et autant de nuits blanches !

Hécate : D'accord, exister ou naître sont sans doute des concepts complexes. Mais, au sens où la Terre existe, au sens où cette mouche existe – regarde comme le mouvement de ses pattes est délicat et absolument imprévisible –, est-ce que tu dirais que les trous noirs existent ?

Héliogabale : Oui, en ce sens, je crois qu'ils existent. Je n'en doute guère. Leur présence dans notre univers me semble aussi avérée que celle de nombreux autres objets célestes qui sont évoqués sans précaution particulière.

Hécate : Mais les voit-on vraiment ?

Héliogabale : Est-ce que tu vois les quarks ? Est-ce que tu vois les champs électriques ? Est-ce que tu vois la gravitation ? Et encore, j'en reste aux exemples physiques. Je ne te demande pas si tu vois l'amour ou les terribles accords de Wagner ! Tu as donc raison, dans une certaine mesure : on ne « voit » pas les trous noirs, mais il y a beaucoup d'entités physiques que les scientifiques connaissent et comprennent sans les voir. Dans notre quotidien, la vue est essentielle : elle structure ce que nous appréhendons de notre environnement. Mais elle est loin d'être le seul accès au monde physique. Elle est même souvent déficiente et peu précise. Les trous noirs nous signalent leur présence par d'autres voies, non moins convaincantes…

HÉCATE : Tu m'expliqueras… Mais comment Einstein a-t-il pu inventer tout cela ?

HÉLIOGABALE : Ah, mais ce n'est pas Einstein ! La possibilité que des trous noirs existent a été envisagée dès le XVIIIe siècle par John Michell, un astronome amateur britannique, et Pierre-Simon de Laplace, un physicien et mathématicien français. C'est une vieille idée, en fait.

HÉCATE : Mais je croyais qu'il fallait recourir à la relativité et à d'autres outils mathématiques très élaborés pour les aborder. Comment a-t-on pu les inventer si tôt ?

HÉLIOGABALE : Les inventer ou les découvrir ? C'est une autre vaste question ! Mais j'aime assez que, par défaut, tu choisisses « inventer ». C'est vrai, la relativité est indispensable pour les sonder en profondeur. Néanmoins, on peut comprendre leur existence et une partie de leur nature avec des arguments beaucoup plus simples. Si tu lances une pierre vers le ciel, que lui arrive-t-il ?

HÉCATE : Elle s'élève de quelques mètres et retombe.

HÉLIOGABALE : Soit. Et, à ton avis, qu'arriverait-il si elle était lancée avec une vitesse très supérieure à celle que ton bras peut effectivement développer ?

HÉCATE : Je suppose qu'elle irait beaucoup plus haut. Peut-être même ne retomberait-elle pas.

HÉLIOGABALE : Exactement. Si tu la lances suffisamment vite, elle s'échappera dans l'espace et ne reviendra jamais sur Terre. On nomme la vitesse minimale permettant cette échappée la « vitesse de libération ». Pour une planète comme la Terre, elle est d'environ 11 kilomètres par seconde. C'est la vitesse au-delà de laquelle un objet peut définitivement s'affranchir de la gravitation terrestre et errer pour toujours dans l'espace. Imagine maintenant que la Terre soit « comprimée » dans un volume plus petit. Qu'une main de géant la compresse fortement. Que va-t-il se passer ? Comment l'intensité de la gravitation à la surface va-t-elle varier ?

HÉCATE : Puisque la masse est la même mais que la planète que tu évoques est plus petite, on sera clairement plus proche du centre. Donc, nécessairement, on sentira une gravitation plus forte. On sera plus lourd sans même avoir grossi !

Héliogabale : C'est cela. Et la vitesse de libération ?

Hécate : Si la gravitation est plus forte, il est évidemment plus difficile d'y échapper. Donc, la vitesse de libération, celle qu'il faut pour ne pas retomber, sera plus élevée. Il faudra jeter la pierre plus vite pour qu'elle parvienne à s'échapper. Si par exemple 11 kilomètres par seconde suffisaient pour la Terre, c'est peut-être une vitesse de 20 ou 30 kilomètres par seconde qui sera maintenant nécessaire pour s'extraire du champ gravitationnel.

Héliogabale : Parfait, tu comprends. Si on comprime donc la Terre dans une sphère très petite et extrêmement dense, la vitesse de libération va devenir immense. Que se passera-t-il si elle devient plus grande que la vitesse de la lumière ?

Hécate : Eh bien même la lumière ne pourra s'en aller ! Elle n'ira pas assez « vite » pour échapper à la gravitation devenue gigantesque.

Héliogabale : Tu viens de découvrir les trous noirs, chère Hécate ! Tout est là ! Si un astre est suffisamment petit pour une masse donnée ou suffisamment massif pour une taille donnée, le champ de gravité à sa surface peut être si fort que les photons, c'est-à-dire les grains de lumière, ne sont même plus capables de s'extraire de l'objet. C'est exactement la définition classique d'un trou noir. Tu vois, nous n'avions pas besoin de relativité générale et d'équations complexes pour comprendre.

Hécate : Cette surface que tu évoques, en quoi est-elle faite dans le cas d'un trou noir ? De quelle matière est-elle constituée ? Pour la Terre, la surface est simplement la frontière entre la matière qui compose notre planète et le vide (ou presque) environnant. En se dirigeant vers la Terre, un vaisseau spatial s'écraserait sur sa surface composée, entre autres, de roches ou d'eau. C'est la même chose pour un trou noir ?

Héliogabale : Non, pour un trou noir, la surface est purement mathématique. Elle n'a aucune matérialité. Tu ne sentirais absolument rien en la traversant. Elle est simplement définie par le fait qu'un retour en arrière n'est plus possible au-delà de celle-ci. Mais on ne se « cognerait » pas dessus. C'est exactement comme si tu étais un poisson dans un torrent qui précède une chute d'eau. Naturellement, la vitesse de l'eau augmente au fur et à mesure que tu t'approches de la chute. Et vient un moment où même le poisson nageant le plus vite possible dans le sens opposé se trouve irrémédiablement entraîné vers l'aval. Ce point de « non-retour » est l'équivalent de l'horizon ou de la surface du trou noir. Et tu vois bien que le poisson ne ressent rien de particulier quand il le passe. Il en va de même en traversant la sphère qui délimite la frontière du trou noir.

Hécate : Mais j'ai vu à de nombreuses reprises des schémas étranges présentant les trous noirs comme des sortes d'entonnoirs. Ce que nous décrivons ici ressemble plutôt à une sphère…

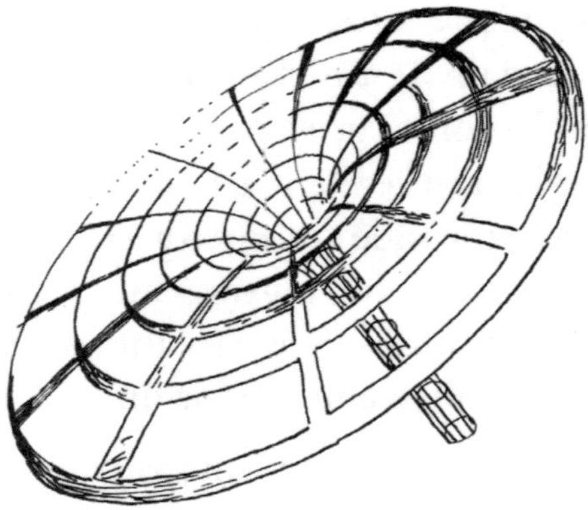

HÉLIOGABALE : Mais oui, il s'agit bien d'une sphère. Si un trou noir se trouvait devant nous, il ressemblerait précisément à une sphère. Les dessins que tu évoques sont des représentations élaborées de ce que les physiciens appellent la géométrie extérieure. Ils rendent compte d'une manière de mesurer une distance en fonction d'une autre, n'entrons pas pour le moment dans ces détails. Mais les trous noirs sont bien des boules.

HÉCATE : Et si on faisait le calcul avec la valeur de la masse de la Terre et avec celle de la vitesse de la lumière, toutes deux bien connues depuis longtemps, on trouverait qu'il faut comprimer la Terre dans une sphère de quel rayon pour qu'elle devienne un trou noir ?

HÉLIOGABALE : Le rayon ne serait que de quelques millimètres. C'est en effet très petit…

Hécate : La totalité des montagnes, des vallées, des océans, du manteau et du noyau dans une sphère de quelques millimètres ? Mais c'est impossible ! Personne ne peut comprimer la Terre dans un volume si ridicule ! Les trous noirs ne peuvent donc pas exister en réalité.

Héliogabale : C'est exactement ce qu'ont cru les astrophysiciens pendant très longtemps. Ils pensaient qu'il s'agissait de possibilités mathématiques qui n'existaient pas dans la concrétude du monde réel.

Hécate : Tu veux dire que ce qui n'est pas concret n'est pas réel ?

Héliogabale : Ah surtout pas ! Tu sais bien que rien ne m'est plus désagréable que de donner l'impression que je réduis le monde à la seule physique. Je veux juste dire que dans l'univers physique, tout laissait en effet penser que les trous noirs n'existaient pas. Beaucoup d'objets sont mathématiquement possibles et n'existent pourtant pas. Rien n'interdirait *a priori*, au niveau des lois fondamentales de la physique, qu'il existe par exemple des hommes de six mètres de haut, et il semble bien que tel ne soit pas le cas. Tout ce qui est possible n'est pas réel. D'autant plus qu'en ce qui concerne les trous noirs, ils présentaient un certain nombre de propriétés mathématiques qui laissaient entendre que leur cohérence théorique n'était même pas assurée…

Hécate : Mais tu dis qu'au sens usuel et scientifique du terme, les trous noirs sont pourtant bel et bien réels. Comment est-ce donc possible ?

Héliogabale : La première chose à comprendre est que les trous noirs ne sont pas nécessairement aussi denses que ce que l'on vient d'évoquer. Si la masse considérée est beaucoup plus grande que celle de la Terre, il n'est pas utile de la comprimer tant que cela pour obtenir un trou noir. Par exemple, si on considère la masse d'une petite galaxie, la densité à atteindre pour former un trou noir ne serait pas plus grande que celle de l'air de notre atmosphère. Beaucoup de trous noirs situés aux centres de galaxies ne sont pas plus denses que de l'eau. Ce qui, déjà, souligne que former des trous noirs est peut-être moins insensé que ce que l'exemple de la Terre laissait entendre. Mais revenons à ta question. Il faut savoir qu'on connaît assez bien la manière dont les étoiles évoluent en fin de vie.

Hécate : Pourquoi meurent-elles d'ailleurs ?

Héliogabale : Parce qu'au bout d'un moment, elles n'ont plus de combustible. Le Soleil, par exemple, consomme quelques quatre cents millions de tonnes d'hydrogène par seconde.

Hécate : Ce n'est pas très écologique ça !

Héliogabale : Ah tu as raison, dans le contexte actuel, c'est une question qui doit en effet nous obséder. Notre saccage de la Terre, destruction en quelques décennies de processus résultant parfois de milliards d'années d'évolution subtile, est infiniment triste et indigne. Les générations à venir nous maudiront pour cela et elles seront dans leur droit. Mais le Soleil n'est pour l'essentiel pas polluant : c'est une réaction de fusion qui produit avant tout de l'hélium.

Hécate : Et quand il n'y aura plus d'hydrogène, il deviendra donc un trou noir ?

Héliogabale : Non, car il n'est pas assez massif. Il deviendra une naine blanche. Mais les étoiles nettement plus massives que lui, et il en existe beaucoup dans l'Univers, deviendront en effet des trous noirs ! Le point important est qu'il ne s'agit pas d'une hypothèse exotique ou d'une possibilité improbable, mais précisément de ce que prédisent nos théories : la formation d'un trou noir est le destin inévitable des étoiles de masses élevées.

Hécate : Mais ce sont des calculs. Aussi savants soient-ils, ça ne me semble pas extrêmement convaincant. Qui dit que nos théories sont encore valides dans ces situations extrêmes ?

Héliogabale : Je partage cette réserve. Il faut être prudent ! Mais il se trouve qu'on observe les trous noirs !

Hécate : Je croyais qu'on ne pouvait pas les voir.

Héliogabale : Oui, à l'heure actuelle, nous n'avons pas les instruments pour cela, et ce pour une raison très simple : les trous noirs sont très petits. Observer directement le trou noir au centre de notre Galaxie reviendrait à voir une délicieuse petite souris située à… dix millions de kilomètres de nous ! Mais on peut sonder les trous noirs de différentes manières. Il y a, à l'heure actuelle, essentiellement trois classes d'indices convaincants en faveur de leur existence. La première vient de l'observation du mouvement des étoiles autour du centre de notre Galaxie. On voit – au sens tout à fait usuel d'une mesure avec un télescope optique – les orbites décrites par les astres proches du cœur de la Voie lactée. Et en étudiant ces orbites, on peut connaître précisément la position et la masse de l'objet autour duquel elles gravitent. C'est de la physique simple et sous contrôle.

Hécate : Pas trop de contrôle s'il te plaît !

Héliogabale : Ah ! Je reconnais ton côté révolutionnaire et insoumis. Je ne peux – mais ne le répète pas – que t'encourager sur cette voie, surtout en ces temps de pensée unique, sécuritaire, identitaire et stéréotypée. Mais, en l'occurrence, je ne référais qu'à la fiabilité presque incontestable de cette approche. Ce qui se révèle alors, via les trajectoires observées des étoiles, est un objet très massif (quatre millions de fois plus massif que le Soleil), très sombre (parce qu'on ne le voit pas alors qu'on voit parfaitement les étoiles individuellement) et très petit (car les étoiles le « frôlent » sans manifestement le heurter). Exactement les caractéristiques d'un trou noir ! Je vois mal ce que cela pourrait être d'autre…

Hécate : Mais n'est-ce pas une mise en évidence « par défaut » ? C'est la meilleure explication mais ce n'est pas la seule…

Héliogabale : Il en va toujours ainsi en science. Quand tu crois que tu as identifié un objet physique connu, ça signifie seulement que c'est la meilleure explication dont tu disposes à un instant donné. Tu ne peux jamais exclure qu'une nouvelle manière de voir les choses – peut-être radicalement différente – puisse émerger dans le futur. Mais il y a d'autres indications en faveur des trous noirs. Le deuxième argument observationnel est le suivant : certains trous noirs attirent de la matière qui se dispose suivant un disque au centre duquel se trouve le trou noir. Il s'ensuit des phénomènes de friction importants dans le disque, qui est alors chauffé à très haute température. Et le fait est qu'on observe précisément les rayons X qui sont ainsi émis.

Hécate : Ah oui, les trous noirs sont des ogres qui dévorent tout !

Héliogabale : On le dit souvent mais c'est faux. Certes, ce qui tombe dedans est perdu pour toujours. C'est ce qui les définit : rien de ce qui est à l'intérieur ne peut s'échapper. Mais, en fait, ils n'attirent pas les astres environnants davantage que s'ils étaient une étoile ou quoique ce soit d'autre ayant la même masse. Comme la plupart sont de plus assez petits, en fait, ils n'ont rien de gargantuesque !

Hécate : Mais si le Soleil implosait en trou noir, nous aurions des problèmes quand même…

Héliogabale : Bien sûr, après huit minutes (le temps que la lumière qu'il génère met pour venir jusqu'à nous), nous serions plongés dans l'obscurité et donc dans le froid. Mais du point de vue de sa trajectoire, la Terre continuerait de tourner autour, exactement comme en ce moment. La gravitation se moque de savoir si la source est un trou noir ou une étoile : si la masse est la même, la force est la même.

Héliogabale : Et donc le trou noir au centre de notre Voie lactée ne va pas engloutir la Galaxie ? Il n'est pas dangereux ?

Héliogabale : En effet. Les orbites des étoiles sont stables. Les plus proches tournent autour du trou noir suivant des ellipses très régulières – de la même façon que la Lune tourne autour de la Terre – et elles n'ont aucune raison de tomber sur lui. Quant aux étoiles lointaines, elles ne sentent que marginalement son effet. Sa masse est de quatre millions de fois celle du Soleil, alors que la Galaxie elle-même dépasse cent milliards de masses solaires…

Hécate : Voilà qui n'est pas l'image usuellement transmise ! Il ne se passe rien de spécial ?

Héliogabale : Très proche du trou noir, se trouve ce que l'on nomme la « dernière orbite stable ». Si l'on franchit celle-ci, en effet, il n'est plus possible de tourner autour de lui et les particules qui s'aventurent dans ces eaux troubles vont plonger dans le trou obscur et croiser l'horizon ! Mais pas de danger pour les étoiles lointaines.

Hécate : Bon. Mais tu parlais d'une troisième indication en faveur de l'existence des trous noirs.

Héliogabale : Oui. Elle est un peu liée à la précédente. Certains trous noirs sont très « actifs » parce qu'ils sont entourés de vastes quantités de matière dans leur environnement immédiat. Ils peuvent alors émettre d'immenses jets de gaz et devenir les objets les plus lumineux de l'Univers...

HÉCATE : Mais je croyais que rien ne pouvait sortir d'un trou noir ! Comment peuvent-ils émettre des jets ?

HÉLIOGABALE : Ces jets ne sortent pas de l'intérieur du trou noir, ce serait en effet impossible. En fait, ils sont dus à un acteur essentiel dans presque tous les processus astrophysiques : le champ magnétique. Quand les particules spiralent vers le trou noir, au sein du large disque d'accrétion qui l'entoure, certaines – avant d'entrer dans le trou noir – vont être éjectées par le champ magnétique et former ces immenses jets que l'on peut effectivement observer avec nos télescopes. On parle alors de quasars. Ils sont tellement puissants qu'on peut en voir jusqu'à des distances de l'ordre de treize milliards d'années-lumière de la Terre. Presque « à l'autre bout » de l'Univers.

HÉCATE : L'Univers a un bout ?

HÉLIOGABALE : Sans doute pas, je te l'expliquerai quand nous aurons abordé la relativité. Mais je ne parle ici que de l'Univers observable. La partie de l'Univers qui nous est accessible, ce qu'on pourrait voir avec un télescope infiniment puissant. Celle-ci a une taille finie, même si l'Univers lui-même est infini.

HÉCATE : D'accord. Mais ces quasars sont-ils vraiment bien compris ? Est-on certain de tout cela ?

HÉLIOGABALE : Non, comme je te le disais, nous ne sommes jamais certains de rien en science. Mais après une longue controverse dans les années 1980, l'interprétation des quasars par la présence d'un trou noir supermassif au cœur d'une galaxie, induisant une émission intense de rayonnement, est presque absolument consensuelle pour expliquer ces observations. C'est, en tout cas, le seul mécanisme connu pour rendre compte de la formidable luminosité des quasars, et il est parfaitement cohérent.

Hécate : Tu veux dire que les trous noirs produisent beaucoup d'énergie ?

Héliogabale : Exactement ! C'est pour cela que les quasars sont si brillants. Les réactions de fusion nucléaire dans les étoiles ne libèrent qu'environ 0,8 % de l'énergie totale disponible. C'est beaucoup plus qu'une réaction de combustion chimique comme celle de l'essence dans un moteur de voiture, mais ça reste très peu. Lors de la chute d'un objet sur un trou noir, il est en principe possible de récupérer près de 50 % de l'énergie totale de celui-ci. C'est considérable !

Hécate : Ah oui, et cela fait sans doute écho à la récente mesure faite par le réseau de télescopes à rayons gammas HESS, situé en Namibie. Il a montré que le trou noir au centre de notre Galaxie, pourtant peu actif, semble accélérer des particules jusqu'à des énergies incroyables, environ cent fois plus grandes que celles du plus puissant accélérateur de particules jamais construit par l'homme ! Étonnant. Mais, j'aimerais te poser une question : quel drôle de nom que le tien. « Héliogabale »… Pourquoi te fais-tu appeler ainsi ?

HÉLIOGABALE : *El gabal* signifie « celui de la montagne ». J'habite à Grenoble, entouré des Alpes. Les aiguilles sont sublimes. Et c'est une cité intéressante : l'une des seules grandes villes au monde à tenter, enfin, de prendre la véritable mesure de l'urgence écologique et à remplacer les panneaux publicitaires par des arbres…

Idées clés

- Nous avons beaucoup d'indications observationnelles indirectes fiables en faveur de l'existence des trous noirs.
- Ce sont de petites sphères dans l'espace dont rien ne peut s'échapper.
- Ils ne sont pas nécessairement très denses et n'avalent pas tout ce qui se trouve autour d'eux.
- La surface d'un trou noir n'est pas « matérielle ».

2

La théorie d'Einstein

Alors que le jour n'est pas encore levé, Hécate et Héliogabale – passablement ensommeillés – reprennent leur discussion. Portés par la douce fragrance du café, ils vont aborder la fascinante théorie de la relativité générale qui donne tout leur sens aux trous noirs.

HÉCATE : Je crois que tes histoires de trous noirs m'ont empêchée de dormir la nuit dernière.

HÉLIOGABALE : Tant mieux !

HÉCATE : Tu es méchant !

HÉLIOGABALE : Je ne le suis jamais. Mais je pense qu'il est bon de se trouver parfois dans une certaine incommodité intellectuelle et je suis ravi d'avoir semé un peu le trouble dans ta vision de l'Univers. Il est toujours plus riche, plus attirant, plus étrange et plus inquiétant qu'on pourrait le croire ou le craindre.

HÉCATE : Il est tout de même fascinant que les trous noirs se laissent ainsi parfaitement comprendre dans des termes si simples.

HÉLIOGABALE : Ah, je n'ai pas dit que c'était le fin mot de l'histoire. Tu sais, la science ne donne jamais des explications définitives et « parfaites ». Jamais. Elle offre des propositions qui, suivant le degré de précision souhaité, sont jugées satisfaisantes ou insatisfaisantes.

HÉCATE : Mais je suppose que pour aller au-delà de la vision newtonienne que nous avons évoquée hier, celle qui ignore encore les découvertes d'Einstein, il faut recourir à des expériences lourdes.

HÉLIOGABALE : Bien sûr, expériences et observations sont essentielles en physique. Ce sont elles qui nous guident. Mais le génie d'Einstein fut aussi de savoir utiliser ce que l'on nomme des « expériences de pensée » et de parvenir à inventer une nouvelle théorie révolutionnaire essentiellement par la seule puissance de son imagination.

Hécate : Mais c'est bien le désaccord avec une mesure qui montre qu'il faut changer de modèle !

Héliogabale : Oui oui, naturellement... Toutefois, la situation est parfois complexe. Je te donne un exemple dans le domaine de la mécanique céleste : deux problèmes en partie similaires peuvent avoir des causes complètement différentes. Mercure et Uranus présentent toutes deux des trajectoires qui n'étaient pas bien décrites par la théorie de Newton : les positions prévues ne correspondaient pas exactement à celles observées. Dans le premier cas, la solution est venue de la découverte d'une nouvelle théorie, celle de la relativité, mais dans le second cas, la solution est venue de la découverte d'un autre astre qui perturbait le premier, sans avoir besoin de changer le modèle. Parfois il faut renouveler la théorie, parfois il faut réévaluer son contenu...

Hécate : Et cette fameuse relativité, la grande théorie d'Einstein, que dit-elle alors ? Elle est utile pour comprendre les trous noirs ?

Héliogabale : Elle est l'une des plus belles inventions qui soit. Elle change radicalement notre compréhension de l'espace et du temps et, en effet, elle est indispensable pour accéder à la véritable beauté des trous noirs. La question initiale est extrêmement simple : comment les coordonnées se transforment-elles quand on change de référentiel ? Ce qui revient à se demander comment varient les nombres que l'on utilise pour préciser la position d'un objet dans l'espace (et le temps) quand on choisit un autre système d'axes.

HÉCATE : C'est exactement le type de questions qui, généralement, me donne envie de fermer un livre de physique...

HÉLIOGABALE : Je te comprends ! Le problème, en termes formels, est assez peu attirant. Pour ne pas dire tout à fait rebutant. Mais le résultat est fascinant et la démarche mérite d'être comprise. Rassure-toi, néanmoins, je ne vais pas entrer dans les détails. Dans la bibliothèque où nous nous trouvons en ce moment, nous mesurons une certaine distance spatiale et un certain intervalle de temps entre deux événements. Par exemple : je te souris, puis une seconde après et deux mètres plus loin, tu me souris en retour. Le temps et la distance entre ces deux sourires semblent être bien définis. Mais si quelqu'un courait extrêmement rapidement, disons à 200 000 kilomètres par seconde...

HÉCATE : Je croyais que tu étais physicien, pas sportif !

HÉLIOGABALE : Je t'ai dit que c'était une expérience de pensée ! Nous n'avons pas besoin de le faire réellement pour comprendre l'idée, c'est tout l'intérêt.

On peut donc se demander quelle distance et quelle durée ce coureur surhumain mesurerait entre les deux mêmes événements. Et un raisonnement très simple, sans aucune autre hypothèse que le fait que les lois de la physique sont bien des lois, montre qu'il ne mesurerait pas la même chose que nous. Il trouverait un temps plus long et une distance plus courte.

HÉCATE : J'ai entendu dire qu'il fallait quand même supposer l'invariance de la vitesse de la lumière, ce n'est pas un détail que tu oublies ici.

HÉLIOGABALE : Non non ! Les scientifiques savent depuis bien longtemps que l'existence d'une vitesse limite et invariante est une conséquence de la théorie et n'a pas à être supposée comme une hypothèse.

HÉCATE : Je me réjouis de découvrir tout cela lors de mes premiers cours à l'Université. Mais pourtant quand on donne rendez-vous à quelqu'un dans une heure, on ne précise pas si on va courir ou non ! On fait comme si cette heure était bien la même pour les deux personnes, sans se soucier de leurs éventuels mouvements.

HÉLIOGABALE : Uniquement parce que nous courons doucement, à des vitesses très petites par rapport à celle de la lumière. Mais avec des horloges très précises, on mesurerait que le temps ne s'écoule pas de la même manière dès lors qu'on se déplace, quelle que soit la vitesse. Si ta montre est parfaitement synchronisée avec celle d'une de tes amies, après que cette dernière aura voyagé, vos montres n'indiqueront plus exactement la même heure. Parce qu'hier, j'ai marché plus longtemps et plus vite que toi pour rentrer chez moi, notre différence d'âge s'est un tout petit peu amenuisée. Et bien que je sois aujourd'hui ton aîné de plusieurs années, si je rentrais chez moi à des vitesses considérablement plus grandes que la tienne, au bout d'un certain temps, quand nous nous retrouverions pour discuter, c'est toi qui serais plus âgée que moi !

Hécate : Ce sont de belles expériences de pensée, comme tu dis. Mais est-ce réel ?

Héliogabale : Ah, comme nous l'évoquions précédemment, la question du « réel » est complexe. En un sens, en tant que personnages fictionnels, les fées et les licornes sont réelles. Mais je comprends ce que tu veux dire : même au sens usuel où tu l'entends, oui, ces effets sont mesurés avec précision. Ils existent. Et parfois ils sont très importants. Dans un accélérateur comme celui du CERN à Genève, on produit des particules qui ont un temps de vie « propre » très faible, et on les observe pendant des durées qui peuvent être des milliers ou millions de fois plus importantes. Un peu comme si on les envoyait dans le futur, un peu comme si un homme pouvait, pendant ses 80 ans de vie, voir un million d'années s'écouler sur la Terre. C'est un phénomène banal pour un physicien, il ne résulte pas d'une théorie spéculative.

Hécate : C'est effectivement très étonnant, mais cela a-t-il un lien avec les trous noirs ?

Héliogabale : Ne sois pas si impatiente… Il faut d'abord bien s'imprégner de cette théorie, qu'on nomme relativité restreinte, avant d'en venir à la relativité générale qui va en effet éclairer les trous noirs.

Hécate : Si tu veux, mais n'oublie pas que même éclairé, un trou noir reste noir ! Donc la relativité restreinte lie le temps à l'espace. Elle montre finalement qu'ils sont deux aspects d'une unique trame sous-jacente. Tu veux me dire qu'il n'y a pas de différence fondamentale entre le temps et l'espace ?

Héliogabale : C'est tout à fait cela. Cette trame s'appelle l'espace-temps. Mais la théorie va plus loin encore, elle montre aussi – c'est le sens de la fameuse formule $E=mc^2$ – qu'il est possible de transformer de l'énergie (E) en masse (m).

Hécate : Voilà qui devient un peu technique. Énergie, masse… Je veux bien qu'on puisse transformer l'un en l'autre, après tout il n'y a pas là de quoi s'extasier.

Héliogabale : Je ne suis pas d'accord, c'est quelque chose d'extrêmement profond et de révolutionnaire.

Hécate : Tu dis cela pour me motiver !

Héliogabale : Non, parce que c'est vrai. C'est révolutionnaire parce qu'il devient possible de fabriquer de l'« être » avec de l'« avoir ». L'énergie n'est que de l'avoir, c'est quelque chose que l'on peut perdre ou gagner. Pouvoir la transformer en masse, c'est-à-dire en être, c'est comme se trouver en capacité de fabriquer un nouveau livre – au sens matériel – à partir d'une propriété d'un autre livre, comme la forme de ses pages ou la couleur de sa couverture, mais sans détruire ce dernier !

Hécate : Ne sois pas si métaphorique.

Héliogabale : Ne fais pas comme si nous savions ce que littéral veut dire.

Hécate : Je sais que c'est toujours plus compliqué que cette distinction caricaturale ! Évidemment. Mais revenons à la physique. Lavoisier avait donc tort… Il est inexact de dire « rien ne se perd, rien ne se crée, tout se transforme » ?

Héliogabale : Oui, c'est faux au sens des particules. On peut, comme je viens de te l'expliquer, créer des particules à partir du mouvement (de l'énergie) d'autres particules. Les petites billes élémentaires du réel ne sont pas en nombre fixé.

Hécate : Le lien avec les trous noirs n'est toujours pas clair…

Héliogabale : Nous y sommes presque. Einstein ne s'est pas arrêté en si bon chemin. Il a souhaité revenir sur la gravitation universelle. Pour Newton, la Terre tourne autour du Soleil parce qu'une étrange force s'exerçant à distance impose à notre planète sa trajectoire elliptique. Mais une caractéristique essentielle de la gravité est qu'elle s'applique de la même manière à tout le monde.

Hécate : Enfin une force démocratique ! Mais, pourtant, le poids d'un corps de cent kilogrammes est bien dix fois supérieur à celui d'un corps de dix kilogrammes. Comment peuvent-ils chuter de la même manière ?

Héliogabale : Oui, le poids est supérieur. Mais comme le plus massif est plus difficile à mettre en mouvement, cela se compense et les deux objets tombent bel et bien de la même manière.

Hécate : Pourquoi alors parler de « force » ? Il est sans doute plus simple de considérer que les trajectoires sont dictées par la forme de l'espace, puisque tous les corps suivent en effet les mêmes courbes.

Héliogabale : C'est précisément le cœur du principe d'équivalence d'Einstein. Ne plus penser la gravitation comme une force mais comme une déformation de l'espace ou, plus exactement, de l'espace-temps, puisque nous venons de comprendre que l'un et l'autre sont intimement liés.

Hécate : Mais les corps qui tournent autour d'un trou noir ou tombent dedans sont quand même bien attirés par une force !

Héliogabale : Dans la vision newtonienne, oui. Dans le monde d'Einstein, ils avancent simplement en ligne « aussi droite » que possible dans l'espace courbé par la présence du trou noir. C'est d'ailleurs tout aussi vrai pour le mouvement d'une planète autour d'une étoile.

Hécate : C'est donc juste une autre façon de décrire la même chose.

Héliogabale : Si l'on s'intéresse à la chute d'une noix qui tombe d'un arbre, oui, c'est presque vrai. Mais dans le cas des trous noirs, justement, la vision relativiste d'Einstein permet de comprendre des phénomènes essentiels qui échappent complètement à la physique de Newton. Regarde cette image : c'est une simulation de ce que l'on observerait à proximité d'un trou noir.

Tu vois que celui-ci est bien plus qu'un disque sombre, il induit une importante distorsion de ce que nous percevons du ciel étoilé qui se dessine en arrière-plan.

Hécate : Mais la géométrie est ce qu'elle est ! Je ne comprends pas. La circonférence d'un cercle est égale à π multiplié par son diamètre ; qu'on se trouve dans l'espace ou à proximité de la Terre n'y change rien.

Héliogabale : Eh si ! La masse influe sur la géométrie. Voilà ce qu'a découvert Einstein. Si on mesurait la circonférence de la Terre (suivant une sphère idéale, qui éviterait les montagnes et les ravins), on ne trouverait pas exactement la même chose qu'en mesurant son diamètre et multipliant par π. La différence serait d'environ un millimètre.

Hécate : Tout ça pour si peu…

Héliogabale : Certes, c'est une petite différence. Mais que ce ne soit pas exactement la même chose montre déjà que l'espace n'est plus une entité à part : l'espace devient une grandeur physique, susceptible d'être modifiée par la présence des objets, c'est une immense révolution.

Hécate : Et si on faisait pareil avec un trou noir ?

Héliogabale : Il est impossible de mesurer naïvement le diamètre d'un trou noir car pour cela, il faudrait pénétrer à l'intérieur et en ressortir. Mais, oui, tu as compris l'idée : à la surface d'un trou noir, les « corrections » entre la géométrie usuelle que nous avons apprise à l'école et la géométrie réelle de l'espace physique peuvent devenir… infinies ! Mais peut-être est-ce plus simple à comprendre avec le temps. Si tu approchais une montre très près de la surface d'un trou noir, pendant qu'il s'écoule, par exemple, une seconde pour cette montre, le temps écoulé au loin – disons sur Terre – pourrait être arbitrairement grand : des millions ou des milliards d'années.

Hécate : C'est assez vertigineux, en effet. Mais les effets relativistes ne semblent notables qu'avec les trous noirs. S'il n'y avait pas de trou noir dans l'Univers, la relativité générale n'aurait donc pas grand intérêt et ne décrirait pas de façon utile le monde physique. Son importance n'est finalement qu'anecdotique.

Héliogabale : Et que fais-tu de l'Univers lui-même ?

Hécate : L'Univers ? Tu veux dire l'espace ? Il n'y a rien à dire sur l'espace. C'est juste le contenant. Il est « là ».

Héliogabale : À ceci près qu'Einstein a justement montré que l'espace est lui aussi un « champ », une « chose » si tu veux, un objet physique. Tu sais que l'Univers est en expansion, n'est-ce pas ?

Hécate : Oui, les galaxies se déplacent et s'éloignent les unes des autres.

Héliogabale : Pas vraiment. Enfin, oui, les galaxies s'éloignent, mais en fait, elles ne bougent pas.

Hécate : Comment peuvent-elles s'éloigner sans bouger ? C'est une contradiction dans les termes, comme dirait Nietzsche, que tu aimes tant !

Héliogabale : Quel plaisir de t'entendre référer à Nietzsche ! Comme l'écrivait le philosophe Michel Foucault, il fait partie, « avec Artaud et Bataille, de ceux qui doivent nous servir de signes pour interroger la vérité ». Mais je ne suis pas Zarathoustra. Quoique, par certains aspects…

Hécate : Mais la vérité n'a pas à être interrogée. Elle s'impose. Elle est juste l'accord entre ce qui est énoncé avec le réel en lui-même. C'est dangereux de l'interroger.

Héliogabale : Ne sois pas si péremptoire ! Chaque civilisation a cru comprendre ce qu'était la vérité ou le réel. Et chaque nouveau temps de la pensée a entièrement bouleversé la perspective. Il faut demeurer humble et prudent. Ne serait-il pas naïf ou arrogant de supposer que toutes les générations précédentes étaient dans l'erreur grossière mais que, nous, justement, touchons enfin la vérité ? Cherchons la vérité, bien sûr ! Personne ne souhaite faire l'apologie du mensonge. Mais réfléchissons aussi sur ses fondements car, évidemment, ce que nous appelons ainsi dépend d'un rapport au monde qui est construit et variable. Chez les poètes grecs, par exemple, la vérité était avant tout la mémoire. Demeurons conscients que nous opérons des choix qui pourraient être différents. La pire violence est toujours celle qui nie l'existence d'autres possibles. N'ayons jamais peur de réfléchir, de penser, de questionner nos évidences.

Hécate : D'accord. Mais si l'on s'en tient au « monde » scientifique, peux-tu enfin me dire comment les galaxies peuvent s'éloigner sans bouger ?

Héliogabale : La clé vient de ce que l'expansion de l'Univers est une dilatation de l'espace lui-même. Les objets ne sont pas réellement en mouvement, c'est l'espace qui enfle. Les galaxies sont comme emportées par cette évolution propre du contenant. Einstein nous a montré que l'espace est dynamique. Nous sommes pris dans une sorte de caoutchouc qui s'expanse. Tu vois donc que toute la compréhension du Cosmos repose sur la relativité générale : les trous noirs sont loin d'être son seul champ d'application.

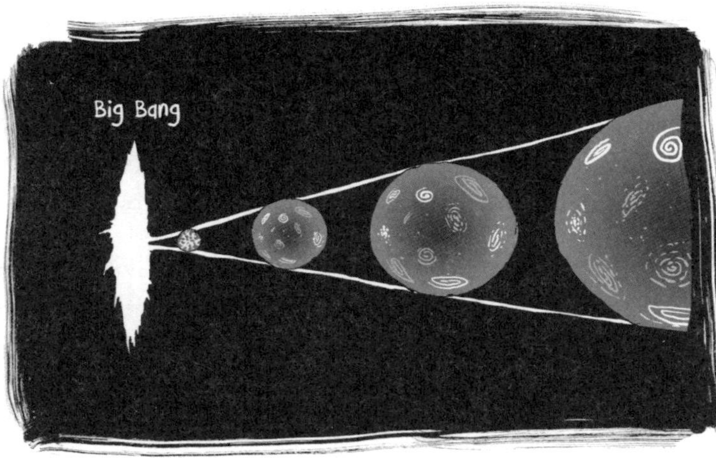

Hécate : Mais au quotidien, on ne voit pas l'espace se tordre.

Héliogabale : Quand tu lances une pierre, tu vois bien que la trajectoire qu'elle suit est courbe…

Hécate : Oui mais si je la lance plus vite, la trajectoire sera moins courbe. Ce n'est donc pas une propriété de l'espace comme tu le laisses entendre. Si c'était vraiment l'espace qui était courbe, je ne pourrais pas générer au même endroit des trajectoires de courbures différentes.

Héliogabale : Tu as parfaitement raison. Et c'est pourquoi il faudrait en fait parler de la courbure de l'espace-temps. Quand la trajectoire est très courbe dans l'espace, c'est parce que la pierre est plus lente. Elle met donc plus de temps. La « vraie » courbure, la courbure spatio-temporelle, est bien la même dans tous les cas !

Hécate : Soit. Mais il n'en demeure pas moins que l'on n'observe jamais l'espace vibrer. Tu dis qu'il est dynamique, en évolution, mais ça n'apparaît pas.

Héliogabale : Simplement parce que l'espace est un matériau extrêmement rigide. Il est très difficile de tordre l'espace. Les ondes, dites gravitationnelles, qui le parcourent en permanence sont si petites qu'il est impossible de les voir facilement. Elles induisent une variation de distance qui est de l'ordre de grandeur de la taille d'un atome par rapport à la distance Terre-Soleil ! Nous en reparlerons.

Hécate : Attends un instant… Tout cela repose donc essentiellement sur des calculs, à ce stade ? Nous n'avons aucune indication expérimentale claire ?

Héliogabale : Si ! La relativité générale est extrêmement bien testée. On ne compte plus les mesures qui la confirment dans tous ses aspects. Rien qu'en ce qui concerne ce point particulier des « ondes gravitationnelles », c'est-à-dire des infimes tressaillements de l'espace, nous disposons de magnifiques indications depuis une quarantaine d'années. Il existe dans l'Univers des astres compacts qui tournent sur eux-mêmes de façon très régulière et émettent de la lumière à la manière d'un phare à l'entrée d'un port. On les appelle des pulsars. Ils sont des sortes d'horloges ultra-précises disséminées dans le Cosmos. Parfois, deux pulsars, en plus de tourner sur eux-mêmes, tournent l'un autour de l'autre. De tels systèmes sont des paradis pour tester la relativité ! Il se trouve que l'évolution de leur mouvement, mesuré très en détail, correspond exactement à ce qui est calculé en tenant compte de l'émission des ondes de gravité en relativité générale.

Hécate : Et, plus récemment, n'a-t-on pas détecté directement ces ondes avec l'instrument LIGO, l'expérience américaine qui, avec Virgo en Europe, traque ce phénomène ?

Héliogabale : Oui ! C'est une magnifique avancée. Je ne dirais pas que c'est une mesure plus « directe » que ce qui était déjà disponible. Une observation n'est jamais vraiment directe, cette distinction n'a pas réellement de sens. Mais en tout cas, c'est un très beau résultat et c'est aussi, d'ailleurs, une nouvelle confirmation de l'existence de trous noirs puisque le signal ne peut être expliqué de façon cohérente qu'en recourant à eux !

Hécate : Et a-t-on appris quelque chose sur la relativité générale ?

Héliogabale : Rien qu'on ne soupçonnait déjà. Mais il est rassurant de vérifier sous un autre angle les prédictions de notre théorie favorite. Et quelques nouveaux tests ont même pu être mis en œuvre, tous réussis « haut la main » par la relativité.

HÉCATE : Et comment cette mesure a-t-elle été mise en œuvre ?

HÉLIOGABALE : Grâce à un faisceau LASER ultra-puissant et extrêmement stabilisé qu'on sépare en deux parties perpendiculaires. Chaque demi-faisceau parcourt quelques kilomètres avant d'être réfléchi par un miroir et de se recombiner à l'autre demi-faisceau. Si une onde gravitationnelle passe, l'espace vibre et la longueur des bras de l'instrument change, ce qui induit une variation de l'intensité de l'image obtenue.

HÉCATE : C'est en effet une approche complexe ! Surtout quand on pense que la variation de longueur de l'instrument induite par l'onde est plus petite que la taille d'un proton…

HÉLIOGABALE : C'est un tour de force, et c'est pourquoi il a fallu tant de décennies avant de parvenir à cette mesure. Mais ça en valait la peine car il est tout de même magnifique d'observer ainsi un écho de la fusion de deux trous noirs, puisque c'est la phase finale de cette danse céleste qui a bel et bien été vue lors du premier événement enregistré. Et penser que l'énergie libérée sous forme d'ondes d'espace fut, pendant un bref instant, plus grande que la totalité de l'énergie lumineuse rayonnée dans tout l'Univers visible est assez sidérant. Une nouvelle astronomie est en train de naître.

HÉCATE : Je voudrais revenir à la théorie d'Einstein. Tu parlais de la planète Mercure tout à l'heure. C'est bien elle qui a joué un rôle dans l'établissement de la relativité ?

HÉLIOGABALE : En effet, historiquement ce fut l'un des premiers succès de la théorie. En tournant autour du Soleil, Mercure décrit une ellipse. Dans la physique de Newton, cette ellipse devrait rester exactement la même au cours du temps (après qu'on ait tenu compte de l'influence des autres planètes), mais ce n'est pas ce qu'on observe : elle tourne d'environ 0,012 degré par siècle.

HÉCATE : C'est infime ! Et on peut mesurer cela ?

HÉLIOGABALE : Oui, cette petite rotation en désaccord avec la théorie de Newton est connue depuis les travaux d'Urbain Le Verrier en 1859. Avec la théorie d'Einstein, cela s'explique par le fait que le temps que met l'angle de Mercure pour revenir à la même valeur n'est pas exactement le même que le temps que met sa distance par rapport au Soleil pour reprendre la même valeur. C'est très joli parce que nous sommes ici dans un cas où un problème dans les prédictions de la mécanique céleste newtonienne a été résolu par un changement de théorie. Mais dans un autre cas, comme je te le disais, c'est au contraire l'existence d'une nouvelle planète (Neptune) qui permit de rendre compte d'une anomalie dans une orbite (celle d'Uranus). On voit ici toute la subtilité du jeu : il n'est jamais aisé de savoir si les difficultés proviennent d'une théorie insatisfaisante ou d'hypothèses erronées sur le contenu de l'Univers. C'est un peu le problème qu'on rencontre aujourd'hui avec la matière noire.

Hécate : Et qu'est-ce que cela ?

Héliogabale : Un grand mystère de la cosmologie ! Nous pensons que l'essentiel de la masse de l'Univers nous échappe. Mais existe-t-elle réellement, ce que je crois, ou s'agit-il d'une prédiction erronée résultant de ce que nous déduisons sa présence d'un modèle inadapté ? Il faut envisager tous les cas… Même celui d'un possible changement de paradigme, c'est-à-dire d'une révolution globale de notre compréhension du monde.

Hécate : Cette complexité est plutôt enivrante. Une dernière chose : tu laissais entendre hier que l'Univers n'est pas nécessairement infini. Mais tu précisais qu'il n'a pourtant pas de « bout » ou de limite. La relativité permet-elle de mieux comprendre ce paradoxe ?

Héliogabale : Oui ! Même s'il a une taille finie, il n'a pas de frontière. Sinon, ce qui est derrière la frontière ferait aussi partie de l'Univers, puisqu'il est par définition la totalité de l'espace. Pense à la surface d'un ballon de baudruche : elle est bien de taille finie – par exemple 50 centimètres carrés – et pourtant un insecte qui marche dessus n'atteindra jamais aucun bord.

Hécate : Ah oui, je comprends maintenant pourquoi la courbure joue un rôle essentiel dans cette affaire :

avec une feuille de papier plane l'argument ne tiendrait plus en effet ! C'est aussi pourquoi, je suppose, on dit que le Big Bang a eu lieu partout en même temps : si l'on pense au ballon de baudruche en train de gonfler depuis un état initial minuscule, qui représenterait « l'explosion » primitive, on voit bien qu'aucun point à sa surface n'est plus proche ou plus loin de celle-ci. Mais, dis-moi, ton nom, c'est vraiment seulement pour référer à tes montagnes ?

Héliogabale : Peut-être pas… Héliogabale était aussi un prince syrien. Devant la catastrophe qui touche en ce moment ce peuple dans notre très inquiétante indifférence, je crois qu'il est urgent de se penser un peu dans l'autre.

Idées clés

- La relativité restreinte établit que l'espace et le temps sont liés. Le temps peut se dilater et l'espace se contracter. Les voyages dans le futur sont possibles.
- La relativité générale montre que l'espace-temps est courbe et dynamique.
- L'expansion de l'Univers est une dilatation de l'espace et non pas un mouvement des galaxies.
- Les ondes gravitationnelles récemment détectées offrent une nouvelle confirmation de l'existence de trous noirs.

3

QUAND L'ESPACE-TEMPS DEVIENT FOU

Hécate et Héliogabale déambulent dans une petite ruelle parisienne. Une fine pluie les accompagne et, loin de s'en agacer, ils s'émeuvent de cette douce humidité qui semble densifier l'espace. En marchant, ils comprennent peu à peu que la théorie d'Einstein transfigure les trous noirs et leur donne en fait leur véritable relief.

Hécate : Tu as encore ton casque sur les oreilles… Prend plutôt le mien et écoute avec moi cette version géniale des *Variations Goldberg* de Bach par Pierre Hantaï.

Héliogabale : Ah oui ! L'une des meilleures dans le monde d'après Glenn Gould… Celle de Richter, que tu écoutais la semaine dernière, est intéressante aussi. Mais laisse-moi profiter de la fin de ma chanson.

Hécate : Tu écoutes Damien Saez, comme toujours en ce moment ?

Héliogabale : Évidemment ! C'est l'un des meilleurs poètes de la chanson française contemporaine. Un « anarchitecte », pour reprendre ses mots. *Les Meurtrières*, *La Prière*, *Les fils d'Artaud*, *Tango*… magnifiques !

Hécate : C'est vrai, et tu sais que je partage ton ressenti. La musique, d'ailleurs, est sans doute elle aussi une distorsion de l'espace et du temps. Un monde courbe qui infléchit son propre devenir.

Héliogabale : Et à ce jeu, les trous noirs sont difficiles à battre.

Hécate : Pourtant, tu disais qu'une masse quelconque induisait une courbure de l'espace-temps.

Héliogabale : En effet. Une planète ou même une pierre courbent l'espace. Mais les trous noirs poussent ce phénomène à son paroxysme. Tout s'emballe !

Hécate : Pour l'espace ou pour le temps ?

Héliogabale : L'un et l'autre. Imaginons que nous nous trouvions au voisinage d'un trou noir.

Hécate : Nous serions immédiatement avalés alors !

Héliogabale : Non, pas nécessairement.

Hécate : Mais le trou noir nous attirerait.

Héliogabale : Je te l'ai déjà dit : la Terre tourne bien autour du Soleil alors que la force qu'exerce le Soleil sur elle est purement attractive. Et pourtant, elle ne lui tombe pas dessus !

Hécate : C'est vrai. Comment cela est-il possible, d'ailleurs ? Ça me semble paradoxal.

Héliogabale : En fait, suivant Newton, on pourrait dire que la Terre n'arrête pas de tomber sur le Soleil. En l'absence de celui-ci, elle avancerait en ligne droite dans l'espace. C'est finalement la loi la plus fondamentale de la physique : dans un référentiel en chute libre, sans gravité, les corps avancent en ligne droite (et suivant la trajectoire qui maximise le temps qu'ils mettent pour aller d'un point à un autre). À chaque instant, la Terre chute donc vers le Soleil en infléchissant sa trajectoire rectiligne vers une trajectoire elliptique. Il n'y a que dans le cas très particulier où elle se trouverait initialement sans vitesse (ou avec une vitesse juste dirigée vers le Soleil) qu'elle tomberait directement sur celui-ci.

Hécate : Et si le Soleil devenait subitement un trou noir, ça changerait quoi ?

Héliogabale : Rien, comme nous le disions il y a quelques jours.

Hécate : Comment ça, rien ? Mais nous serions plongés dans l'obscurité et un froid glacial nous envahirait, la vie s'éteindrait presque immédiatement, ce n'est pas un détail.

Héliogabale : Naturellement ! Nous nous trouverions en effet privés de lumière et rapidement de chaleur. Mais du point de vue de l'orbite de la Terre, de sa trajectoire, si le Soleil devenait un trou noir, elle demeurerait précisément la même qu'en ce moment.

Hécate : Elle ne tomberait pas « un peu plus » dessus ?

Héliogabale : Je crois que nous avons répondu à cela : elle tombe déjà dessus. Elle tournerait autour du trou noir comme elle tourne en ce moment autour du Soleil. Ce n'est que la conséquence de ce que tu appelais joliment le caractère démocratique de la gravitation. Ce que l'on nomme usuellement son universalité. Tant que la masse et la forme de la source sont les mêmes, les effets extérieurs ne dépendent pas de la nature de ce qui induit la gravité : étoile, trou noir ou boule de pétanque géante, c'est pareil.

Hécate : À quoi bon s'intéresser alors aux trous noirs ?

Héliogabale : Ah mais pour beaucoup d'autres effets, et même pour les orbites quand on s'approche très près, ils sont en effet très singuliers.

Hécate : Mais il ressemblerait à quoi ce trou noir ?

Héliogabale : C'est là que ça devient intéressant. Ce serait beaucoup plus étrange et merveilleux que tout ce qu'on peut simplement imaginer. Tout d'abord, l'image du ciel étoilé en arrière-plan serait abondamment courbée. Les étoiles ne seraient pas exactement à leur place attendue.

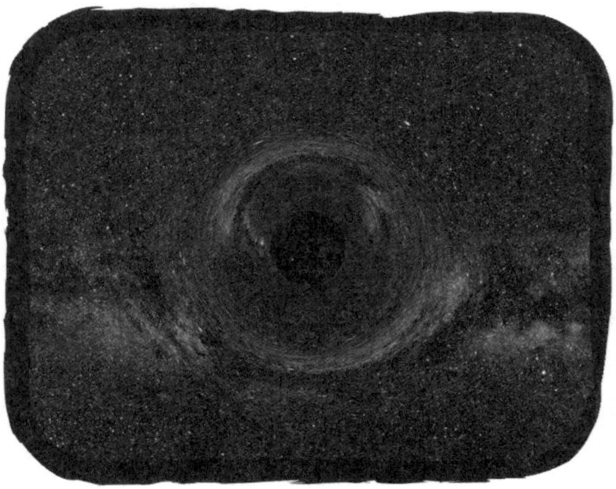

Hécate : Mais l'expérience d'Eddington, qui confirma la relativité générale en 1919, ne mettait-elle pas en évidence cet effet sans le moindre trou noir ?

Héliogabale : Certes ! Dans ce cas c'était le Soleil qui, pendant une éclipse masquant l'essentiel de sa luminosité, induisait un déplacement de la position apparente d'une étoile deux fois plus important que dans la théorie newtonienne.

Hécate : Mais en physique newtonienne, dans la vieille vision du monde, il n'y a pas de courbure et la lumière ne devrait pas être déviée du tout… Elle devrait avancer en ligne parfaitement droite.

Héliogabale : Je ne suis pas d'accord. L'effet de la gravitation sur un corps ne dépend pas de sa masse, nous en avons convenu. C'est déjà vrai chez Galilée et Newton : ils savaient bien que deux pierres de masses différentes tombent de la même manière. En fait, le mouvement ne dépend que de la position et de la vitesse initiales. Il en va de même pour la lumière. Elle est donc bel et bien déviée par une masse dans la vision newtonienne aussi. Mais, si on fait le calcul détaillé, on trouve que dans la théorie newtonienne, la déviation n'est pas du même angle que dans la vision einsteinienne.

Hécate : Soit. Mais j'en reviens à mon problème : cet effet de déviation de la lumière a donc lieu sans trou noir et même, comme tu viens de l'expliquer, sans relativité générale. Il n'y a finalement qu'une petite différence quantitative apportée par la théorie d'Einstein. Pas très intéressant…

Héliogabale : Justement, au voisinage des trous noirs, tout devient plus complexe, plus beau, plus étrange et la relativité s'invite dans sa forme extrême. Nos observations seraient alors fascinantes. Je ne veux pas trop t'ennuyer, mais si l'on souhaitait être précis dans la description, il faudrait commencer par préciser quel type d'observateur on considère.

HÉCATE : Oui mais à un endroit et à un instant donnés, tous les observateurs voient la même chose s'ils n'ont pas perdu leurs lunettes.

HÉLIOGABALE : Même pas ! Très près de l'horizon du trou noir, par exemple, un observateur en train de tomber dedans – dit en « chute libre » – et un observateur qui utiliserait un moteur de fusée pour ne pas avancer vers le trou noir – dit « stationnaire » – ne verraient pas du tout la même chose, même à l'instant où il se trouvent au même endroit.

HÉCATE : L'horizon, c'est un joli mot pour désigner la surface des trous noirs. Mais la relativité générale bouleverse mes habitudes...

HÉLIOGABALE : Sans vouloir t'offenser, ce type de situations se rencontre déjà en relativité restreinte.

HÉCATE : Quelle est la différence entre l'une et l'autre ? J'ai oublié.

HÉLIOGABALE : La relativité générale est la théorie de la gravitation. Elle est donc aussi la théorie de l'espace et du temps en présence de masses et d'énergie. La relativité restreinte est plus modeste : elle s'intéresse essentiellement aux mouvements dans un espace « plat », c'est-à-dire dépourvu de courbure, comme nous l'apprenons à l'école.

Hécate : Et tu dis que déjà là, en relativité restreinte, des effets de perception étranges apparaissent ?

Héliogabale : C'est le cas. Imagine par exemple un vaisseau spatial qui accélérerait jusqu'à une vitesse proche de celle de la lumière.

Hécate : On verrait les étoiles défiler à toute vitesse à travers les hublots, comme dans *Star Wars*.

Héliogabale : Pas du tout. En fait, au fur et à mesure de l'accélération, on aurait au contraire l'impression de reculer. On verrait tout le ciel se concentrer en un point, juste devant nous. Celui-ci deviendrait extrêmement brillant tandis que le reste du ciel deviendrait sombre. Même ce qui est derrière nous serait visible devant nous. Les angles ne sont pas conservés quand on change de référentiel, donc la position des objets célestes va naturellement être infléchie. Même en l'absence de gravité ! Et la couleur va changer également. Ce qui se trouve devant va bleuir et ce qui se trouve derrière va rougir. Les effets ne sont pas seulement géométriques mais aussi chromatiques.

Hécate : Si même les choses simples deviennent complexes, je vais me perdre avec ce trou noir…

Héliogabale : Non non, revenons-y sans entrer dans les détails.

HÉCATE : Et dans le trou noir, on y entrera ?

HÉLIOGABALE : Une autre fois ! À l'extérieur, déjà, les trous noirs sont étonnants. Ils vont par exemple générer des images multiples de chaque étoile.

HÉCATE : Je crois que je comprends. Le rayon lumineux peut suivre un chemin qui vient directement depuis l'étoile vers l'observateur, en ligne droite, mais il peut aussi en suivre un autre qui passe derrière le trou noir et, dévié fortement par la gravité, revient vers l'observateur. Donc, en effet, on doit voir deux fois l'étoile à deux endroits différents.

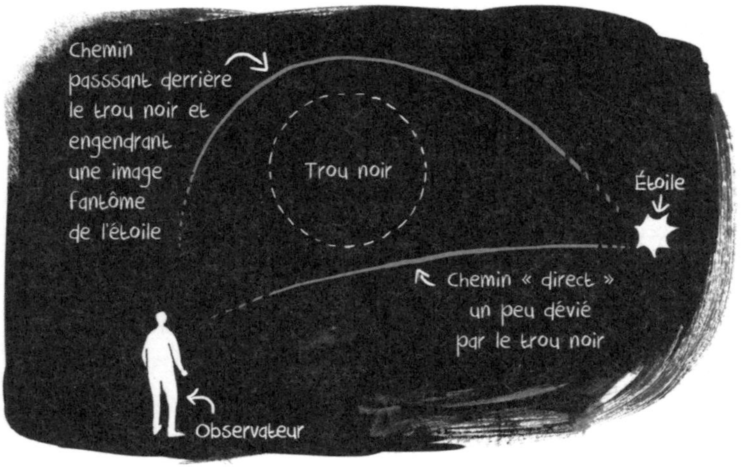

HÉLIOGABALE : En fait, même pour le trajet le plus direct de la lumière, il n'est pas totalement droit au sens usuel du terme puisque le trou noir déforme un peu l'espace partout. Mais tu as raison, il est nettement moins courbe que celui qui passe par-derrière. Et il y a d'autres images encore ! Posons-nous une question simple : qu'arrive-t-il à la lumière qui passe près d'un trou noir ? Naturellement, si le photon – le grain de lumière – est dirigé directement vers le trou noir, il tombe dedans et n'en ressort pas, c'est la définition d'un trou noir. Mais le point intéressant vient de ce que même si le photon était censé passer un peu à côté du trou noir, il va quand même être absorbé et achever son existence dans le trou noir. Il existe une distance (il faudrait dire un « paramètre d'impact ») critique au-delà de laquelle le photon échappe au trou noir et en deçà de laquelle il est absorbé. D'ailleurs, quand il s'échappe, il peut avoir une trajectoire étonnante, par exemple faire demi-tour et repartir dans la direction exactement opposée de celle dont il venait.

Hécate : Et si un photon arrive exactement à la distance critique, entre le cas où il est absorbé et le cas où il s'échappe ?

Héliogabale : Belle intuition, c'est là que ça devient fascinant ! Il est alors piégé et va tourner autour du trou noir. S'il arrive exactement à la bonne distance, il peut tourner infiniment longtemps autour du trou noir. C'est ce que l'on nomme la « sphère de lumière ».

Hécate : On peut calculer cette distance critique ?

Héliogabale : Oui, c'est une valeur peu intuitive quoique simple à évaluer quand on connaît un peu la relativité générale. Elle est égale à la moitié du rayon du trou noir multipliée par la racine carrée de 27. Étrange, non ? Et la sphère de lumière, elle, se trouve tout simplement à une distance du centre trou noir qui est de 1,5 fois le rayon de celui-ci. Mais peu importent les chiffres. Ce qui est magnifique, c'est que cette sphère n'a évidemment aucune existence en physique newtonienne. Elle est vraiment un effet purement relativiste spécifique aux trous noirs.

Hécate : Et c'est lié aux images multiples ?

Héliogabale : Naturellement. Les photons n'ont jamais exactement la bonne distance pour rester indéfiniment piégés dans la sphère de lumière autour du trou noir. Au bout d'un moment, ils vont tomber dedans ou repartir vers l'extérieur. Dans ce dernier cas, ils vont contribuer à de multiples images « fantômes ».

Hécate : Humm… Un monde spectral, c'est aussi angoissant qu'attirant !

Héliogabale : Exactement ! Et comme chaque étoile va nécessairement envoyer quelques rayons lumineux très proches de la distance critique, se trouvant piégés, au moins pour un temps, ils vont contribuer à la « sphère de lumière », créant un magnifique halo au voisinage du trou noir.

Hécate : C'est ce que l'on nomme le collier de diamants ?

Héliogabale : Imagine qu'un trou noir se trouve juste interposé entre une source de lumière et toi. Tu observerais un sidérant effet de délicats petits points lumineux perler autour du trou noir. Ils correspondent à la lumière qui a fait un tour complet autour du trou noir avant de venir vers ton œil – évidemment, dans la théorie de Newton, de telles trajectoires sont tout à fait impossibles. Les diamants brillent à peine et le collier est très fin parce que la courbure de l'espace, près du trou noir, joue ici le rôle d'une lentille « démagnifiante », c'est-à-dire diminuant l'éclat. Le beau est rarement éblouissant… Mais le plus extraordinaire, c'est qu'il existe une infinité d'autres colliers circulaires concentriques correspondant aux rayons de lumière ayant fait deux, trois, quatre, etc. tours du trou noir avant de venir vers ton œil. Mais il te faudra alors de puissantes jumelles car ces « méta-fantômes » ont des intensités plus faibles encore.

Hécate : Et si donc nous étions en orbite stable autour du trou noir, en train de tourner suivant un cercle ou une ellipse, comme nous le supposions tout à l'heure, que verrait-on ?

Héliogabale : Le paysage scruté deviendrait alors dynamique, ce serait encore plus merveilleux. Tandis que les étoiles défileraient dans un sens, loin du trou noir, un petit disque autour du trou noir présenterait la totalité du ciel mais en rotation inversée. De quoi perdre la tête, mais en un sens plus que délicieux !

HÉCATE : À croire que la vitesse de la lumière est bien la seule chose à demeurer toujours la même ! Heureusement qu'il existe quelques invariants.

HÉLIOGABALE : Oui et non…

HÉCATE : Tu ne vas quand même pas me dire que la lumière ne se déplace plus à la vitesse de la lumière !

HÉLIOGABALE : Si l'on effectuait une mesure locale, en effet, tout serait simple : la lumière se déplacerait toujours à la même vitesse. Si je me mets n'importe où avec une règle et une montre, je vais mesurer la même valeur pour la vitesse d'un photon (un rayon de lumière) qui passe à côté de moi. C'est une constante fondamentale de la physique. Mais si je fais une mesure globale, par exemple en envoyant un flash LASER et en attendant qu'il revienne après s'être réfléchi sur un miroir, oui, je trouverai que la lumière ralentit fortement si elle est passée proche d'un trou noir ! Ce processus, nommé effet Shapiro, existe d'ailleurs pour toute masse et a été mesuré avec le Soleil.

HÉCATE : Et la lumière est la seule à subir ces caprices et facéties de l'espace-temps ?

HÉLIOGABALE : Non, en effet. Imagine par exemple qu'on jette une pierre dans un trou noir.

HÉCATE : Une pierre ? J'en profiterais plutôt pour jeter le disque dur qui contient la liste de tous ces pauvres gens plongés dans un surendettement sans fin par notre ogre financier…

Héliogabale : Ah ah ! Bonne idée ! Mais que lui arriverait-il donc ? Suppose que tu te trouves en position stationnaire tout près de l'horizon du trou noir, à l'extérieur évidemment, grâce à ton vaisseau spatial qui utilise ses moteurs pour t'empêcher de tomber. Tu observerais alors le disque dur chuter vers le trou noir de plus en plus rapidement. Et au moment où celui-ci pénétrerait dans le trou noir, sa vitesse serait la plus grande possible, c'est-à-dire celle de la lumière.

Hécate : Rien de très étonnant, donc.

Héliogabale : Soit. Mais supposons maintenant que tu regardes la même scène de très loin. Tu verrais d'abord le disque dur accélérer, comme dans la description précédente. Mais, au voisinage du trou noir, tu le verrais ralentir. Et, au fur et à mesure qu'il approcherait de l'horizon, tu verrais en fait sa vitesse chuter vers… zéro ! Autrement dit, la situation serait l'extrême inverse de la précédente : au lieu de présenter la vitesse la plus grande possible, il présenterait maintenant, et au même endroit que tout à l'heure, la plus petite vitesse possible !

Hécate : Laquelle des deux descriptions est-elle la bonne ?

Héliogabale : Je crois que tu connais déjà la réponse…

Hécate : J'adore la relativité ! Le monde devient multiple en son sein même.

Héliogabale : Exactement. Les deux descriptions sont correctes. Aucune d'elle n'a valeur de vérité supérieure. Exactement comme c'est déjà le cas en relativité restreinte. Si tu fais un petit tour en fusée – avec des moteurs autrement plus puissants que ceux dont nous disposons aujourd'hui – il se passera par exemple un an pour toi mais cent ans sur Terre. À la question « en vérité, combien de temps s'est-il passé ? », il n'y a pas de réponse unique. En vérité, il s'est passé un siècle sur Terre et, en vérité, il s'est passé un an dans ta fusée.

Hécate : Mais le disque dur entre-t-il dans le trou noir ou pas ?

Héliogabale : De son point de vue, oui. Au bout d'un temps fini mesuré par l'horloge qui lui est attaché, il a franchi l'horizon. Mais pour l'observateur distant, la situation est un peu plus complexe. Le disque dur va, en fait, non seulement ralentir en s'approchant du trou noir, et donc ne pas entrer, mais il va aussi s'étaler. Il va devenir une sorte de crêpe qui recouvre le trou noir. Il va finir par quasiment se confondre avec l'horizon lui-même. Les effets extérieurs seront donc exactement les mêmes que si le disque était entré dans le trou noir et que ce dernier avait un peu grossi.

Hécate : Et si le disque était équipé d'une LED clignotante ? S'il n'est pas entré dans le trou noir, comme le dit l'observateur lointain, on devrait toujours recevoir les flashs de lumière, ce qui n'est plus le cas s'il est réellement entré. Il y a quand même contradiction entre les deux visions.

HÉLIOGABALE : Non, parce que même s'il reste à l'extérieur, dans la description de l'observateur distant donc, il s'approche tellement de l'horizon que la gravité rend la lumière pratiquement noire, donc invisible.

HÉCATE : Ce n'est pas très clair là ! Tu es aussi obscur que ton trou noir.

HÉLIOGABALE : Je le prendrais presque comme un compliment. Mais oui, tu as raison, il faut expliciter. L'effet auquel je faisais allusion est le *redshift* gravitationnel. Pour te l'expliquer, commençons par une question : sais-tu que le temps ne passe pas à la même vitesse pour ta tête et pour tes pieds ?

HÉCATE : C'est pour ça que je me casse toujours la figure !

HÉLIOGABALE : Peut-être pas, parce que l'effet sur Terre est infime, mais il existe bel et bien. Plus sérieusement, le temps va en effet différer suivant l'intensité du champ gravitationnel dans lequel se trouve une horloge. C'est l'origine du phénomène que j'évoquais. Imaginons une onde lumineuse émise très près de l'horizon d'un trou noir, dans un champ gravitationnel très intense. Quand celle-ci va s'échapper – je suppose qu'elle est émise juste à l'extérieur, comme c'était le cas pour la LED du disque dur que nous évoquions tout à l'heure –, la dilatation du temps va la faire osciller moins vite. Mais l'énergie de l'onde est justement liée à sa vitesse d'oscillation. C'est en ce sens qu'elle n'emporte pratiquement plus d'énergie et devient donc noire.

HÉCATE : J'adore cette cohérence dans la diversité. Mais, dis-moi, j'ai trouvé sur internet les pires choses sur Héliogabale, empereur dépravé qui laissait libre cours à toutes les perversités. Est-ce l'image que tu veux donner de toi ?

HÉLIOGABALE : Certes non. Internet, en contrepoint d'être une immense mine de connaissances, est aussi le lieu de toutes les calomnies et la vitrine de toutes les petites bassesses humaines. Là où la méchanceté gratuite et infondée peut se délecter d'être et s'étaler avec insistance. Héliogabale, en fait, ne mérite pas entièrement cette noire réputation. Mais, surtout, tu devrais lire *Héliogabale ou l'anarchiste couronné*, c'est un incroyable livre-monde du poète le plus fou et le plus génial du siècle passé, Antonin Artaud. Le Clézio, prix Nobel de littérature, écrivait « Voici le livre le plus violent de la littérature, je veux dire d'une violence belle et régénératrice. Héliogabale, né sur un berceau de sperme, mort sur un oreiller de sang, est un héros noir de notre monde. Sa légende est faite de perversité et d'exécration. [...] Il s'agit bien d'un texte initiatique : prêtre païen et empereur de Rome à l'âge de quatorze ans, Héliogabale annonce à la fois le rite solaire des *Tarahumaras*, et le sacrifice de *Van Gogh le Suicidé de la société*, puis la descente aux enfers d'Artaud le Mômo. Héliogabale est l'anarchiste avant d'être l'alchimiste couronné. [...] Qui n'a pas lu *Héliogabale* n'a pas touché le fond même de notre littérature sauvage. »

HÉCATE : Ton attrait pour ce nom commence à me sembler clair. Je dois donc m'initier aux trous noirs, mais aussi à la poésie ? Peut-être à la philosophie et à la peinture ?

HÉLIOGABALE : Non, tu ne le « dois » pas. Mais, oui, je t'y invite de toutes mes forces. D'ailleurs, les grandes toiles de Soulages ne sont-elles pas l'ode au noir la plus intense de toute l'histoire ?

HÉCATE : Peut-être. Mais ne néglige pas non plus la période noire de Goya… Et puis, moi aussi, j'ai beaucoup à t'apprendre. Tu sacralises trop certaines choses, je crois. Tu oublies la résistance par extraction. Fais preuve d'un peu plus de légèreté.

Idées clés

- Les trous noirs permettent à la lumière de suivre des trajectoires qui n'existent en aucune autre circonstance.
- La dilatation du temps est « infiniment grande » à la surface d'un trou noir.
- La forme du ciel, scruté au voisinage d'un trou noir, serait très spécifique. En particulier, on observerait une « sphère de lumière » et de multiples (en théorie une infinité) images fantômes de chaque étoile.

4

Voyage à l'intérieur du trou noir

Hécate et Héliogabale se sont assis par terre, dans un campement tzigane où vivent certains de leurs amis. Au loin, des rires d'enfants. Une certaine liberté flotte dans l'air. Ils vont tenter de comprendre la structure interne des trous noirs. La difficulté du sujet est largement masquée par l'intense excitation associée à ces questionnements.

Hécate : Il y a quand même deux choses qui m'ennuient dans ce que tu as évoqué hier.

Héliogabale : Seulement deux ?

Hécate : Disons deux pour commencer ! D'abord, tu dis qu'on ne ressent rien de particulier quand on entre dans un trou noir, quand on passe l'horizon. Est-ce tout à fait vrai ? On ne ressent jamais rien ?

Héliogabale : Je n'ai pas dit que l'approche d'un trou noir n'engendrait absolument rien. Je prétends seulement que le passage de la surface n'est accompagné d'aucun ressenti particulier. C'est d'ailleurs un point qui a été longuement débattu. Einstein et beaucoup d'autres ont été abusés par les équations qui, au départ, laissaient penser que l'horizon des trous noirs était un lieu pathologique. On a cru que l'espace-temps s'y « déchirait » en quelque sorte, auquel cas le voyage prendrait évidemment brutalement fin ici. Ensuite, on a compris que tel n'était pas le cas. Le comportement catastrophique qui était craint n'était associé qu'à la manière d'écrire les équations et non pas à la nature de l'espace lui-même. Quand on travaille avec précision, on peut aisément montrer qu'en fait, rien de particulier n'arrive quand on passe de l'extérieur à l'intérieur du trou. L'horizon est non seulement immatériel mais aussi indolore. Mais ça ne signifie pas pour autant qu'on ne ressent jamais rien.

Hécate : Comment cela ? Tu m'as pourtant convaincue : si je me laisse tomber dans un trou noir, en sautant dedans depuis un vaisseau, je ne devrais pas sentir la gravitation puisque je suis précisément en train de tomber. Je suis comme flottant dans l'espace, je ne suis soumise à aucune force, en chute libre… Et puisque tu dis que l'horizon est dépourvu de consistance physique, je ne vois vraiment pas ce que je pourrais ressentir.

HÉLIOGABALE : C'est exact à un détail près qu'on nomme « effet de marée ».

HÉCATE : Je ne vois pas le lien entre les marées et les trous noirs !

HÉLIOGABALE : Sais-tu pourquoi il y a des marées dans les océans terrestres ?

HÉCATE : À cause de la Lune, je suis bien placée pour le savoir. Elle attire plus d'un côté que de l'autre.

HÉLIOGABALE : Oui et non. C'est bien la Lune qui cause ce phénomène. Mais en fait, elle crée deux poches d'eau : une de son côté et une du côté opposé. C'est assez facile à sentir. Le centre de la Terre est à l'équilibre. Disons, de manière imagée, que la force gravitationnelle est contrebalancée exactement par la force centrifuge. Du côté de la Lune, l'eau est « attirée » parce qu'il y a plus de gravitation et moins de force centrifuge, et du côté opposé, l'eau est « repoussée » parce qu'il y a moins de gravitation et plus de force centrifuge. Ce qui crée bien deux poches. La Terre subit donc un effet d'étirement à cause de la Lune.

Comme l'eau est, par définition, fluide, c'est à travers ses mouvements qu'on le voit le plus aisément.

Hécate : Et le lien avec mon plongeon vers le trou noir ?

Héliogabale : De même, tu vas ressentir cet effet d'étirement. Imaginons que tu plonges « la tête la première ». Ta tête va être plus attirée que tes pieds. Il va donc s'ensuivre une sorte de *stretching* de ton corps.

Hécate : Oui, enfin, je ne suis pas si grande ! La différence de champ de gravitation entre ma tête et mes pieds va sans doute être minuscule. C'est d'ailleurs ce que nous évoquions hier.

Héliogabale : Si tu sautes vers la Terre ou le Soleil, oui, en effet, l'étirement de ton corps sera infinitésimal. C'est là que le trou noir intervient. C'est un objet parfois si dense que cet effet de marée va devenir très grand. Et possiblement même te tuer dans une sorte d'écartèlement que je ne souhaite à personne !

Hécate : Mais tu expliquais l'autre jour que les trous noirs ne sont pas forcément denses.

Héliogabale : C'est exactement le point important. Pour les trous noirs très massifs et très peu denses, les forces de marée demeurent négligeables à l'extérieur et il serait donc bien possible de traverser leur horizon et de continuer le voyage à l'intérieur pendant un long moment sans subir de dommage. En revanche pour les trous noirs peu massifs et très denses, l'effet de marée peut devenir très intense et même létal à l'extérieur de l'horizon. Le voyage pourrait donc s'achever douloureusement assez tôt et bien avant d'avoir atteint le trou noir…

Hécate : D'accord, ce n'est donc pas le passage de l'horizon mais l'effet de marée qui me tuera. Et celui-ci peut avoir lieu, suivant les cas, avant ou après le passage de l'horizon. Mieux vaut donc sauter vers un gros trou noir !

Héliogabale : Exactement ! On peut d'ailleurs calculer le temps qui nous resterait à vivre une fois dans le trou noir. Si celui-ci a la masse d'une étoile, ce serait infime. Et, comme on vient de le dire, nous serions de toute façon morts avant d'entrer.

Hécate : Attends… mais maintenant que j'y repense, je croyais qu'on n'entrait jamais, qu'on s'étalait à la surface, à la manière d'un *pancake* – d'une crêpe –, en ralentissant et en noircissant. Je suis perdue.

Héliogabale : Oui, ça c'est ce que verrait un astronome lointain qui observerait ton plongeon. Il ne te verrait effectivement jamais franchir ni même atteindre l'horizon. Mais toi qui plonges, tu vois (et vis) tout autre chose : tu entres bel et bien dans le trou noir, et à haute vitesse ! Si le trou noir fait quelques millions de masses solaires, comme celui qui se trouve au centre de notre Galaxie, tu pourrais vivre quelques secondes après le passage de l'horizon. C'est encore peu. Mais si l'on pense aux plus gros trous noirs, disons de quelques milliards de masses solaires, alors tu aurais quelques heures devant toi.

Hécate : Tu choisirais de sauter, toi ?

Héliogabale : Je ne sais pas. Même si l'expérience est sublime, il serait impossible de retourner à l'extérieur et d'en faire part à ses proches. Aucune chance de rédiger un article ou de communiquer son émerveillement. Je crois que je n'aurais pas le courage.

Hécate : Moi, je sauterais. J'en suis certaine. Peu importe que l'expérience soit partagée. Peu importe que la vie soit courte tant qu'elle est intense. Tu te rends compte ? Ce serait si beau… Mais qu'arriverait-il au centre ?

Héliogabale : Ah, là, ce serait la fin.

Hécate : Je me cognerais contre quelque chose ? D'ailleurs, où est passée toute la matière qui est entrée dans le trou noir ? Toute la matière qui s'est effondrée et a engendré le trou noir, elle doit bien être quelque part.

Héliogabale : Sur cette question, la relativité générale, la grande théorie d'Einstein, est claire : tout est concentré au centre, en un point.

Hécate : Tu veux dire qu'il y a une « zone » infiniment petite, plus petite qu'un atome, qui contient des milliards de milliards de kilogrammes ?

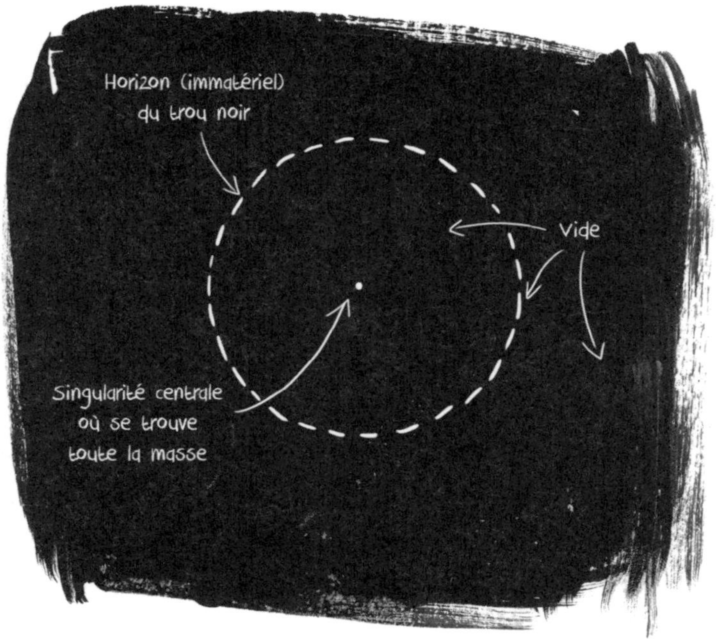

HÉLIOGABALE : Oui. L'intérieur du trou noir est vide sauf en ce « point » qui contient toute la masse.

HÉCATE : Une masse énorme dans un volume nul… Si je ne m'abuse, cela donne une densité infinie ! En effet, ça doit faire mal quand on se cogne dessus.

HÉLIOGABALE : Exactement. Et c'est même pire que cela : cette fois, il s'agit d'une véritable pathologie de l'espace-temps. À la différence de l'horizon, dont le caractère catastrophique n'était qu'un artefact, au cœur du trou noir, l'effet est réel : c'est une « singularité ». Ici, le voyage s'achève.

Hécate : En quel sens exactement ?

Héliogabale : La courbure devient infinie. Soyons plus précis et supposons que notre trou noir est du type le plus simple : qu'il ne tourne pas et n'est pas chargé. On appelle cela un trou noir de Schwarzschild. Dans ce cas, la singularité a un sens étonnant mais parfaitement clair : c'est la fin du temps.

Hécate : Oh ! C'est de la science-fiction.

Héliogabale : C'est certainement de la science spéculative puisque personne n'est allé vérifier ce que je te dis. Mais c'est en tout cas ce qu'énonce notre meilleure théorie, celle d'Einstein, par ailleurs extrêmement bien vérifiée. La singularité centrale, en fait, n'est pas vraiment un lieu « spatialement déterminé », elle marque plutôt la fin du temps, son achèvement.

Hécate : Ce n'est pas simple à imaginer pour moi…

Héliogabale : Pour moi non plus ! Il se passe quelque chose d'assez incroyable quand on entre dans un trou noir : dès l'horizon franchi, l'espace se change en temps et le temps se change en espace. Ce n'est pas une simple métaphore – encore que, n'en déplaise à certains, la métaphore est souvent l'accès à l'altérité le plus précis et le plus précieux –, c'est exactement, au sens d'une littéralité mathématique, ce qui advient quand on regarde les équations.

Hécate : Mais si l'on s'en tient à ce que mesure ma montre, est-ce que je peux allumer mes moteurs de fusée, disons mon *jet pack*, pour contrer la gravité, stopper ma chute dans le trou noir et donc vivre un peu plus longtemps ?

Héliogabale : Impossible. Dans le trou noir, aucun corps ne peut demeurer stationnaire. Tu es obligée de tomber vers la singularité centrale, quelle que soit l'énergie dépensée.

Hécate : Je pourrais au moins repousser le moment de la mort inexorable en ralentissant la chute.

Héliogabale : Même pas. Quoi que tu fasses, même si tu allumes ton moteur pour engendrer une poussée contraire à la direction de ton mouvement, tu ne pourras qu'accélérer le processus ! Laisse-toi tomber sans lutter, c'est ce qui maximisera ton temps de vie.

Hécate : Terrible. Et si j'allume mon pointeur LASER et le dirige vers l'extérieur alors que je suis dans le trou noir, qu'arrive-t-il à la lumière ?

Héliogabale : À ton avis ?

Hécate : Elle ne peut pas sortir. Je dirais donc qu'elle se cogne contre l'horizon et revient vers moi.

Héliogabale : Non, ce qui est vrai dans un sens est vrai dans l'autre : il ne se passe rien de spécial au niveau de l'horizon, ce n'est pas un « miroir » réfléchissant. En fait, même les photons, la lumière donc, que tu envoies en les dirigeant vers l'extérieur avancent vers l'intérieur quand tu es dans le trou noir. Même s'ils « tentent » d'aller vers l'horizon, ils sont en fait emportés vers le centre.

HÉCATE : Finalement, c'est un peu comme les poissons qui nagent à contre-courant mais ne parviennent pas à compenser la vitesse du courant.

HÉLIOGABALE : C'est précisément cela.

HÉCATE : Mais si on suit cette logique, ça signifierait que le courant va... plus vite que la lumière ! Il y a un petit problème là. Si je sais bien une seule chose en physique, c'est justement qu'il est impossible d'aller plus vite que la lumière.

HÉLIOGABALE : Nous voici confrontés à toute la beauté et à toute l'étrangeté des trous noirs. La réponse, ici, ne peut pas être absolument simple. On doit d'ailleurs se poser la même question pour ta propre vitesse pendant ton plongeon. Vas-tu plus vite que la lumière à l'intérieur du trou noir ? En un sens, oui ! Oui, parce que le calcul montre, en utilisant ce qu'on nomme des coordonnées mixtes, que tel est effectivement le cas. Et puis, on a bien dit que ta vitesse – mesurée par l'observateur local – est égale à celle de la lumière quand tu franchis l'horizon. Puisque la gravité continue d'augmenter à l'intérieur, il est évident que ta vitesse va encore grandir. On peut aussi diviser le rayon du trou noir par le temps – au sens usuel mesuré par ta montre – que tu mets pour atteindre le centre depuis l'horizon : diviser la distance par la durée est la définition de la vitesse, c'est pourquoi on parle au quotidien de kilomètres par heure. Et on trouve bien, là aussi, une vitesse plus grande que celle de la lumière. Tout cela est juste. Mais pourtant, par ailleurs, si tu croises un photon pendant ta chute, tu le verras toujours se déplacer à sa vitesse usuelle, celle « de la lumière dans le vide », celle que l'on note « *c* » en physique et qui est un invariant (à peu près 300 000 kilomètres par seconde). La lumière se déplace bien, même dans le trou noir, exactement à cette vitesse-là.

Hécate : En effet, la relativité mérite bien son nom. Et que verrais-je pendant ma chute ? Je me souviens avoir entendu parler d'un effet d'enveloppement du trou noir. Celui-ci occuperait tout le ciel dans mon champ de vision alors que je ne serais pas encore dedans ! C'est vrai ?

Héliogabale : Là aussi, il faut être précis. C'est en effet ce que verrait un observateur stationnaire qui lutterait avec ses moteurs de fusée pour ne pas tomber dans le trou noir.

Hécate : Tu as dit tout à l'heure que c'était impossible !

Héliogabale : J'ai dit que c'était impossible à l'intérieur du trou noir, pas à l'extérieur. À l'extérieur, si j'ai des moteurs assez puissants, je peux m'opposer à la gravité et rester immobile. Dans ce cas, la situation serait assez surprenante. Un tel observateur, stationnaire, même s'il se trouve à l'extérieur de l'horizon, verrait en effet le trou noir envahir presque tout l'espace et le ciel ne serait plus visible que par un petit disque très brillant.

HÉCATE : Une couverture en trou noir, avant même de franchir l'horizon, c'est délicieux !

HÉLIOGABALE : Mais attention ce n'est vrai que pour l'observateur stationnaire. Pour toi qui es en train de choir, au moins dans notre fable, ce n'est pas ce que tu verrais. Je trouve d'ailleurs que c'est encore plus beau. Le trou noir occuperait, de façon attendue, une partie de l'espace de plus en plus importante au fur et à mesure que tu t'en approcherais. Mais le reste du ciel deviendrait aussi de plus en plus sombre derrière toi et, finalement, une zone annulaire de plus en plus mince et lumineuse se formerait perpendiculairement à la direction de ta chute.

Hécate : Mais pourquoi ?

Héliogabale : Au niveau intuitif, je dirais que c'est une compétition entre la relativité générale et la relativité restreinte.

Hécate : Einstein contre Einstein ?

Héliogabale : Disons plutôt les effets de courbure contre les effets de vitesse. Vers l'avant, dans la direction du trou noir, c'est la courbure de l'espace qui impose l'obscurité : les trajectoires des rayons lumineux ne peuvent pas passer par là. Rien ne peut sortir du trou noir, il est donc noir, ce n'est pas étonnant. Mais vers l'arrière, c'est l'effet Doppler qui conduit à un univers presque noir : quand une source s'éloigne très rapidement, la lumière qui nous parvient d'elle n'emporte presque plus d'énergie et elle s'assombrit inexorablement.

Hécate : Je ne comprends pas bien ce qu'est l'effet Doppler.

Héliogabale : C'est simplement le phénomène qui fait que lorsqu'une voiture vient de nous dépasser, le son de son moteur devient plus grave. De même, quand on s'éloigne très vite des étoiles, leur rayonnement nous parvient de plus en plus rougeâtre, puis devient presque noir.

Hécate : Nous serions donc plongés dans une obscurité totale à l'approche du trou noir ?

Héliogabale : justement non. Entre ces deux zones sombres, un mince anneau de lumière devenant extraordinairement intense s'imposerait à notre regard. Telle est la dernière vision du monde que nous appréhenderions avant de rejoindre la singularité et d'atteindre, au sens que j'évoquais, la fin du temps.

Hécate : C'est assez grandiose.

Héliogabale : Et très fragile en même temps. Fabuleusement émouvant.

Hécate : Tu vois que j'avais raison de vouloir plonger.

Héliogabale : D'autant que nous ne sommes évidemment pas certains de tout ce que je viens de t'expliquer. Peut-être est-ce plus merveilleux encore…

Hécate : Tu sais bien que c'est toujours plus étrange, gracieux, inévident et envoûtant que ce que le langage – fut-il mathématique – dévoile du réel.

Héliogabale : Je crois le savoir. Mais j'aime que tu en sois certaine.

Hécate : N'oublie pas qu'en grec ancien, je suis la déesse de la Lune. Hécate est fille de Tartare, l'obscurité a peu de secrets pour moi… Une dernière chose : dans les trous noirs, il y a finalement peu d'espace. Un trou noir de la masse du Soleil ne fait que quelques kilomètres de diamètre. Pourquoi certains veulent-ils y voir des « bébés univers » ?

Héliogabale : Là encore, les choses ne sont pas simples. La réponse fait même débat chez les spécialistes. Le point clé vient de ce que si l'on calcule naïvement le volume d'une sphère, à l'aide de la formule apprise au collège, en utilisant le diamètre du trou noir mesuré dans les coordonnées extérieures usuelles, le résultat n'aura aucun sens pour ce qui est du volume intérieur réellement accessible.

Hécate : Tu veux dire qu'à l'intérieur, il y a de la place ?

Héliogabale : Oui. En fait, si l'on adopte une définition raisonnable du volume interne d'un trou noir, il apparaît que celui-ci croit avec le temps, même si la taille du trou noir, vu de l'extérieur, est fixe et constante ! Si l'on attend suffisamment longtemps, un trou noir stellaire, dont le diamètre extérieur est donc de quelques kilomètres, pourrait contenir en fait un volume interne plus grand que celui de la totalité de notre Univers visible.

Hécate : Les astres sombres sont manifestement aussi insondables que fascinants. J'aime les imaginer comme de possibles univers en gestation.

Idées clés

• L'intérieur d'un trou noir est essentiellement vide. Toute la masse est concentrée en un point : la singularité.

• Dans un trou noir, il est impossible de demeurer statique. Tout objet finit inexorablement par s'écraser sur la singularité.

• Pour un trou noir simple – dit de Schwarzschild –, cette singularité est la fin du temps. Temps et espace s'échangent l'un en l'autre dans le trou noir.

• Même la lumière envoyée vers l'extérieur va vers le centre du trou noir, une fois l'horizon passé.

• Un « petit » trou noir, vu de l'extérieur, peut contenir un volume immense à l'intérieur.

5

Le trou noir toupie

Hécate et Héliogabale se sont assis dans la bibliothèque d'Héliogabale. La présence bienfaisante des livres anciens – jusque dans leur fragrance suave et parfois capiteuse – les aide presque physiquement à tenter d'appréhender les propriétés des trous noirs en rotation. Ils s'apprêtent à découvrir qu'un simple mouvement de toupie peut tout changer…

Hécate : Tes trous noirs jettent le trouble dans mon esprit. Mais cela ne me déplaît pas.

Héliogabale : Je m'en réjouis. Il ne faut certainement pas chercher l'obscurité pour elle-même. Mais feindre la clarté, alors que le réel est indubitablement complexe, est toujours une imposture.

Hécate : Mais la philosophie, par exemple, n'a-t-elle pas pour vocation d'expliquer, de clarifier, de mettre un peu d'ordre dans nos idées et nos pensées ?

Héliogabale : Certainement, la philosophie peut faire cela. Mais ici aussi, je voudrais me faire l'apôtre de la diversité. Rien ne serait pire qu'une unique forme de pensée scientifique ou une unique forme de pensée philosophique. En physique, la multiplicité des manières d'entreprendre des recherches est essentielle : certains chercheurs sont très rigoureux et préfèrent explorer patiemment les conséquences de modèles bien testés, d'autres sont plus aventureux et aiment à imaginer des voies critiques et audacieuses. C'est cette multiplicité des attentes et des compétences qui est au cœur de la dynamique.

Hécate : Mais, dans ta bibliothèque, je vois tous les ouvrages du philosophe Jacques Derrida, l'étrange penseur de la déconstruction et de la dissémination. Je vois tous les artistes de l'instable et de l'impur qui constellent tes étagères. Mais pas de philosophie analytique ? Quel manque !

Héliogabale : Tu as mal vu ! Regarde bien : ils sont là aussi, quoiqu'un peu moins aisément accessibles. Je crois que la tradition phénoménologique capture – en particulier par sa dimension littéraire, voire poétique – quelque chose de l'immense complexité de chacun des problèmes esquissés qui échappe parfois à la pensée anglo-saxonne. Mais cette dernière est extrêmement féconde suivant d'autres axes et je ne la dénigre jamais. Ne suivons pas les esprits étriqués qui nous enjoignent toujours à choisir un camp, sans nuance et sans remords, qui méprisent la pensée qu'ils ne comprennent pas. Ils vivent dans des mondes pauvres…

Hécate : Tu as sans doute raison. Certains philosophes construisent des systèmes, d'autres en identifient les tensions, certains clarifient les confusions, d'autres soulignent la désuétude des clarifications, la multiplicité est indispensable. Et je confesse que l'humilité inconfortable de Derrida, toujours en porte-à-faux par rapport à lui-même, ne me laisse pas indifférente non plus. En tout cas, maintenant, les trous noirs contribuent aussi à la douce étrangeté de mon réel ! D'ailleurs, à propos de complexité, tu supposais hier que nous étions dans un trou noir « simple », un trou noir de Schwarzschild. Ils ne sont pas tous de ce type ?

Héliogabale : En fait, presqu'aucun n'est de ce type ! En réalité, nous avons toutes les raisons de penser que, comme les autres astres, la plupart des trous noirs tournent sur eux-mêmes.

HÉCATE : C'est bizarre, pourquoi tourneraient-ils ?

HÉLIOGABALE : Et pourquoi pas ? Je veux dire : finalement, parmi toutes les vitesses de rotation possibles, le cas d'une vitesse nulle (pas de rotation donc) est extrêmement particulier. C'est une situation très improbable. Il n'y a pas de frottement dans l'espace et donc la rotation initiale est conservée. Quand les étoiles et planètes se forment, elles sont naturellement en rotation. Et si une étoile s'effondre en trou noir, celui-ci tournera inévitablement. D'ailleurs, les récentes mesures d'ondes gravitationnelles par l'expérience LIGO montrent que les trous noirs observés étaient bel et bien en rotation sur eux-mêmes, en plus d'être en rotation l'un autour de l'autre.

HÉCATE : Et ce détail change beaucoup de choses ?

HÉLIOGABALE : Oh oui ! D'abord, pour un trou noir qui tourne, il n'y a plus un seul horizon mais deux horizons. À l'intérieur de l'horizon des événements, celui que nous évoquions jusqu'à maintenant, se trouve l'horizon de Cauchy. On ne sait pas très bien ce qui arrive quand on s'approche de cet horizon interne dit de Cauchy. Il est encore mystérieux par certains aspects.

HÉCATE : Si on ne sait rien, pourquoi parler de ces objets ?

HÉLIOGABALE : On sait beaucoup d'autres choses sur eux. Il existe par exemple une vitesse maximale de rotation et nous avons de bonnes raisons de penser que les trous noirs réels en sont souvent assez proches. Dans ce cas, on parle de trous noirs de Kerr extrêmes. L'horizon de Cauchy se confond alors avec l'horizon des événements, on peut donc parler à nouveau d'horizon « tout court », mais cet horizon ne se trouve pourtant pas au même endroit que pour un trou noir de Schwarzschild qui ne tourne pas !

HÉCATE : Cela reste assez technique. Les mathématiques nous apprennent-elles autre chose de plus parlant sur ces trous noirs de Kerr ?

HÉLIOGABALE : Oui ! La métrique, c'est-à-dire l'objet mathématique qui décrit la structure de l'espace-temps, la géométrie si tu veux, fait maintenant apparaître un produit de la coordonnée temporelle et de la coordonnée angulaire et…

HÉCATE : Stop ! Tu t'emballes, là ! En clair, s'il te plaît !

HÉLIOGABALE : Eh bien, en clair, ça signifie que l'espace est « entraîné » par la rotation du trou noir. Au voisinage d'un trou noir simple, de Schwarzschild, si l'on souhaite demeurer à l'arrêt, il faut allumer son moteur de fusée pour éviter de tomber dedans. J'entends à l'extérieur, évidemment, puisque dedans il est impossible de demeurer stationnaire. Eh bien pour un trou noir de Kerr, c'est-à-dire de type « toupie », si l'on souhaite toujours être immobile, il faut allumer un deuxième moteur de fusée pour ne pas tourner. Cela signifie que l'espace lui-même tourne autour du trou noir. Il y a un effet d'entraînement du référentiel.

Hécate : Et on peut toujours s'opposer à cet effet d'entraînement ?

Héliogabale : Excellente remarque ! Là aussi quelque chose de très particulier va apparaître. L'horizon (ou disons plus généralement les horizons) correspond aux lieux où, dans la métrique, le terme spatial devient infini. Mais il existe également une autre surface ayant un sens physique important. On la nomme « limite statique », et elle correspond au fait que le terme temporel devient infini.

Hécate : Mais tu parles de façon bien trop mathématique aujourd'hui ! C'est agaçant. Où veux-tu en venir ?

Héliogabale : Eh bien voilà : la zone située à l'extérieur de l'horizon, mais à l'intérieur de la limite statique, est fort intéressante. Elle se nomme ergosphère. Et, bien que celle-ci soit au sens strict et littéral à l'extérieur du trou noir (puisqu'elle se trouve au-delà de l'horizon), il s'y passe des choses étranges ! Il y est, en particulier, impossible de demeurer statique. Quelle que soit la puissance de nos moteurs de fusée, l'entraînement de l'espace est tel que rien ne peut s'opposer au mouvement de rotation. En fait, peu importent nos efforts : c'est le trou noir qui décide de notre vitesse de rotation, nous sommes ici complètement tributaires de l'espace-temps lui-même. Bien qu'à l'extérieur du trou noir, j'insiste, car c'est cela qui est vraiment nouveau.

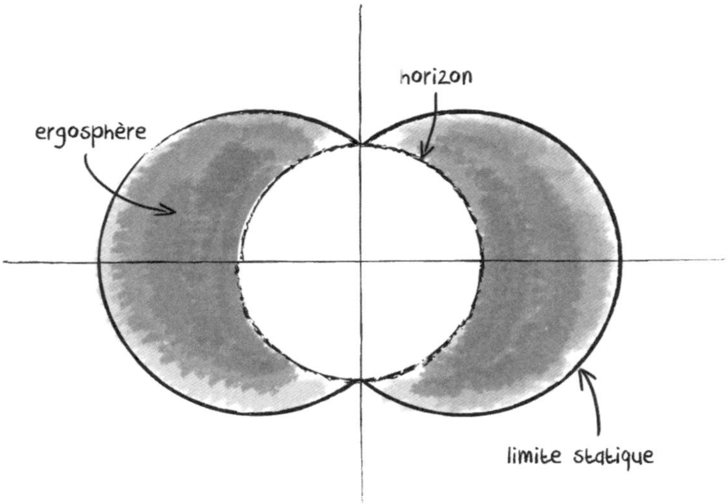

Hécate : Et pour la lumière ?

Héliogabale : C'est pareil. Même si de la lumière est émise à contresens de la rotation, elle est emportée par l'entraînement de l'espace et tourne dans le même sens que le trou noir. Et, d'ailleurs, quand elle atteint l'horizon, la lumière a toujours la même vitesse angulaire, quelle que soit la manière dont elle a été émise. Mesurée de loin, la vitesse initiale de la lumière à la limite statique d'un trou noir en rotation extrême peut même être… nulle ! On n'a pas tous les jours l'occasion de voir la lumière s'arrêter.

Hécate : Impressionnant, en effet. Et quel serait l'équivalent, pour le trou noir en rotation, de notre pierre qui tombe en ligne droite sur un trou noir de Schwarzschild et qui, vue de loin, ralentit et s'étale à la surface sans entrer dans le trou noir ?

Héliogabale : Cette fois, pour un trou noir de Kerr, en rotation donc, la pierre finirait par spiraler et tournerait éternellement, extrêmement proche de l'horizon. Ceci pour l'observateur lointain. Car là encore, de son point de vue propre, la pierre entrerait bien dans le trou noir.

Hécate : Et le centre ? En leur cœur, les trous noirs tournants sont-ils identiques aux trous noirs statiques ?

Héliogabale : Même pas. La singularité – le « lieu » où les grandeurs physiques mesurables deviennent infinies, le lieu de la catastrophe si l'on peut dire – est très différente. Dans les trous noirs de Schwarzschild, elle était inévitable. Il était impossible de ne pas finir par s'y échouer. Dans un trou noir de Kerr, la situation est un peu moins claire. La singularité devient annulaire : elle acquiert la forme d'une bague. Et cela change tout : elle est alors, en principe, évitable !

Hécate : Tu devines donc ce que je vais te demander… !

Héliogabale : Évidemment : qu'arrive-t-il au voyageur clairvoyant qui est parvenu à éviter la singularité ? La réponse la plus simple et la plus honnête serait : nous n'en savons rien. Mais on peut regarder d'un peu plus près les équations et tenter de comprendre la réponse que la relativité générale suggère. Et il semble en effet qu'il n'est pas totalement impossible que ce type de singularité soit traversable, c'est-à-dire qu'il existe un « au-delà ».

Hécate : Je sens que nous en venons enfin aux fameux trous de ver. Comme si l'espace avait été troué par un lombric géant !

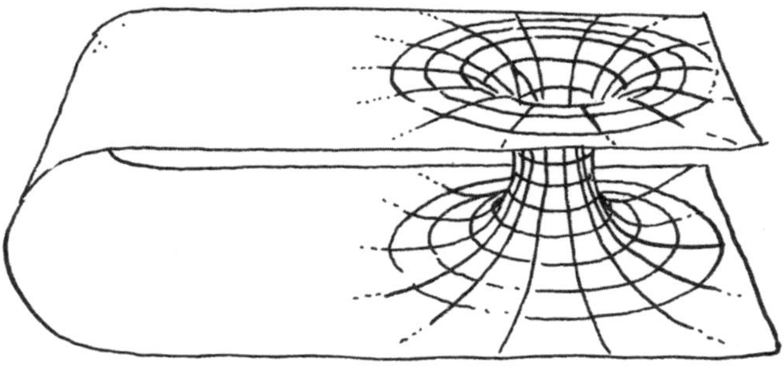

Héliogabale : Oui. Mais je t'avoue qu'à mon sens, il faut rester très prudent avec ces objets. Ce sont des solutions théoriques possibles de la relativité générale, mais cela ne garantit pas du tout leur existence réelle dans notre monde. Une fourmi de la taille d'un éléphant ne contredit pas les lois de la physique, et pourtant il semble bien qu'elle n'existe pas. Les trous de ver sont attirants mais rien n'atteste de leur présence dans l'Univers.

Hécate : Soit. Mais soyons un peu fous, puisque c'est une folie raisonnable…

Héliogabale : En ce sens, oui, il est en effet possible que certaines trajectoires entrant dans un trou noir de Kerr évitent la singularité centrale, le traversent et ressortent « autre part ».

Hécate : Autre part ?

Héliogabale : Cet autre part pourrait, *a priori*, se trouver dans notre Univers. Mais alors on pourrait générer des paradoxes temporels. On pourrait par exemple revenir dans notre propre passé en utilisant ces trous de ver. C'est un problème.

Hécate : Tu m'as expliqué qu'aussi bien en relativité restreinte qu'en relativité générale, on pouvait voyager dans le futur, alors pourquoi pas dans le passé ?

Héliogabale : Ça n'a rien à voir. Aller dans le futur ne pose aucune difficulté. Il ne s'ensuit aucun paradoxe. Au contraire, revenir dans le passé viole tout ce que l'on sait de la physique. Il est impossible, au moins aujourd'hui, de donner un sens à une telle situation. Tu te souviens des films de science-fiction : et si je retourne dans le passé et tue mon père avant ma naissance, qu'arrive-t-il ? Le plus raisonnable est de considérer que si les trous de ver existent – ce que je ne crois pas – ils relient plutôt différents univers. C'est ce passage entre les mondes qu'on nomme un « pont d'Einstein-Rosen ».

HÉCATE : On peut réellement voyager ainsi entre les univers ?

HÉLIOGABALE : Rien n'est moins sûr. Outre l'incertitude sur l'existence de ces ponts, il est fort probable qu'ils soient instables et qu'aucune matière ne puisse les emprunter. La présence d'une simple particule suffirait à « fermer » le trou de ver. Mais la possibilité de s'y mouvoir demeure une éventualité théorique intéressante : la situation est assez facile à comprendre à partir de ce qu'on nomme un diagramme de Penrose-Carter. Dans un tel dessin, la seule règle à respecter consiste à ne jamais s'écarter de la verticale de plus de 45 degrés (car alors on irait plus vite que la lumière localement, ce qui est interdit). La ligne épaisse correspond au chemin que pourrait suivre une particule réelle. Elle traverse des horizons et, en principe, visite des univers. Elle ne heurte jamais de singularité. Manifestement, tu vois sur le dessin que le voyage serait possible et pourrait être… étonnant !

HÉCATE : Mais je suis certaine que tu hiérarchiserais fortement la crédibilité de ces hypothèses, n'est-ce pas ? Pour toi, les trous noirs existent de façon presque certaine, y compris dans leur version tournante, dite de Kerr, alors que les trous de ver demeurent extrêmement spéculatifs et incertains.

HÉLIOGABALE : Oui, c'est tout à fait cela. En sciences de la nature, rien n'est absolument démontré. Il est

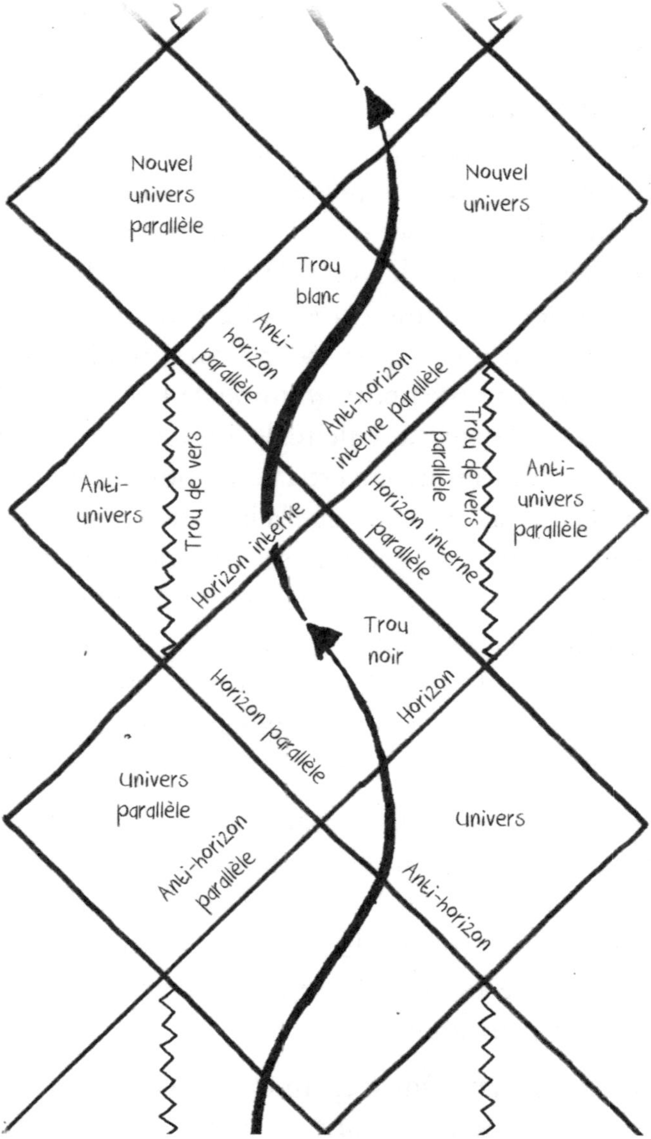
Nouvel univers parallèle
Nouvel univers
Trou blanc
Anti-horizon parallèle
Anti-horizon interne parallèle
Anti-univers
Trou de vers
Horizon interne
Trou de vers parallèle
Horizon interne parallèle
Anti-univers parallèle
Trou noir
Horizon parallèle
Horizon
Univers parallèle
Anti-horizon parallèle
Univers
Anti-horizon

toujours possible que demain notre modèle – quel qu'il soit – se trouve mis en défaut et remplacé par une nouvelle vision. Cela arrivera même très probablement. Mais ça ne signifie pas que tout est au même niveau de fiabilité. La relativité générale, la mécanique quantique, l'évolution darwinienne des espèces, la dérive des continents, le modèle du Big Bang, par exemple, sont des théories extrêmement fiables. Elles ont été mises à l'épreuve de maintes manières. D'autres propositions comme la théorie des cordes, la gravitation quantique à boucle, etc. sont sérieuses et intéressantes mais nettement plus hypothétiques.

Hécate : Bien. Donc les trous noirs, je peux y croire sereinement, les trous de ver, je dois rester sur mes gardes. Mais, dis-moi, ces trous noirs doivent être de formidables réserves d'énergies. Ne peut-on s'en servir ?

Héliogabale : Pour les trous noirs de Schwarzschild, non. L'énergie est à l'intérieur et comme rien ne peut sortir, elle est perdue pour l'observateur environnant que nous sommes. Mais là encore les trous noirs tournants peuvent jouer un rôle très particulier. En principe, il est possible d'extraire leur énergie de rotation.

Hécate : Enfin une énergie propre ! Ça serait magnifique face au désastre en cours…

Héliogabale : Je ne peux être plus en accord avec toi. Nous n'avons pas encore pris la mesure de la catastrophe écologique que nous imposons en ce moment à la Terre.

Hécate : Tu ne devrais pas limiter la question à cet aspect. Ce que tu dis est vrai, mais il faut penser plus loin. Il y a la pollution, la disparition des espèces, la destruction de l'environnement, certes. Mais aussi l'incroyable souffrance infligée à tous les vivants humains et non-humains qui agonisent dans cette industrie de la mort que nous avons créée. Tu sais, pour les animaux, souvent, l'enfer, c'est la Terre… La Terre telle que nous l'avons remodelée, j'entends.

Héliogabale : C'est toi le sage, en fait. Tes mots sont plus que signifiants, ils sont justes. Hélas, le mécanisme de Penrose qui permet de récupérer l'énergie des trous noirs de Kerr, bien qu'il soit assez fiable à mon avis, demeure théorique car je ne crois pas que nous ayons de trou noir en rotation à portée de main !

Hécate : Et en quoi ce mécanisme consiste-t-il donc ?

Héliogabale : Il faudrait envoyer deux robots – par exemple ! – dans l'ergosphère d'un trou noir de Kerr, tu sais cette mince région juste à l'extérieur de l'horizon. Ils se retrouveraient alors à l'intérieur de la limite statique mais à l'extérieur du trou noir. Ils seraient ainsi entraînés par le mouvement de rotation de l'espace-temps mais dans une zone où le retour en arrière est encore possible. Or, en étudiant bien la géométrie du trou noir, on peut montrer que si un robot poussait l'autre d'une certaine manière bien calculée, il pourrait se trouver éjecté vers l'extérieur avec une énergie plus grande que celle avec laquelle il était arrivé. L'autre robot, quant à lui, entrerait dans le trou noir avec une énergie négative et extrairait ainsi un peu de son énergie de rotation. Ce serait une ressource presque inépuisable pour une civilisation vivant autour d'un trou noir de Kerr !

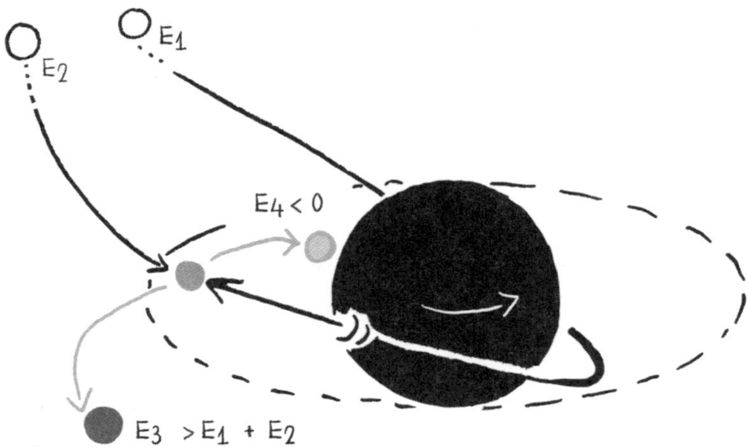

Hécate : Il semble que l'obscurité des trous noirs cache bien des merveilles.

Héliogabale : Ce qui ne devrait pas t'étonner. Hécate, c'est la lune noire. Ni Séléné, ni Artémis (les deux autres déesses lunaires), Hécate compose avec l'ombre et l'étrange…

Idées clés

- Les trous noirs, en général, tournent sur eux-mêmes, comme tous les astres. On les nomme alors trous noirs de Kerr.
- Ces trous noirs de Kerr sont très complexes et riches. Ils présentent une zone qui, bien que située à l'extérieur du trou noir, oblige tout objet s'y trouvant à tourner dans le même sens que le trou noir, même s'il dispose de moteurs l'entraînant dans l'autre sens.
- La singularité qui se trouve dans les trous noirs de Kerr est éventuellement évitable voire traversable. On parle alors de trous de ver.
- Il est en principe possible d'extraire l'énergie de rotation des trous noirs de Kerr, ce qui fournirait un réservoir presque infini.

6

Quand les trous noirs s'évaporent

Héliogabale et Hécate se baladent en forêt. La présence rassurante de mousses et de fougères sonne comme une douce invitation à pousser plus loin encore le périlleux voyage vers les secrets des trous noirs. Ils vont ici, alors que l'odeur enivrante de l'humus envahit leur environnement, aborder les questions essentielles de l'« effet Hawking » et du paradoxe de l'information.

Hécate : Je me demande pourquoi l'on parle de cosmologie et pas de chaologie. Finalement, le monde, c'est un désordre.

Héliogabale : C'est vrai. Et c'est beau. On peut y frayer du sens. Le désordre, d'ailleurs, ne peut qu'augmenter !

Hécate : Enfin, je peux quand même ranger mon bureau, même si c'est toujours à contrecœur.

Héliogabale : Certes. Mais on peut montrer que suivant des hypothèses très générales, quand un système évolue spontanément, le désordre augmente toujours. Bien que rien n'interdise *a priori* qu'elle se reforme, la goutte de lait, une fois qu'elle a diffusé, ne reprend jamais sa forme initiale dans le café.

Hécate : En effet... Voilà qui est curieux. Et pourquoi le désordre augmente-t-il donc ?

Héliogabale : Simplement parce qu'un état plus désordonné est plus probable. Il y a plus de configurations microscopiques différentes qui donnent le même état global quand celui-ci est désordonné. Quand la goutte est bien formée dans le café, il faut que toutes les molécules soient les unes contre les autres. Cela correspond à un état très particulier. Alors que quand elle a diffusé, un nombre immense de positions différentes des molécules correspondent à la même situation globale d'un café juste un peu plus clair. C'est donc beaucoup plus probable. Pour le dire autrement : il y a plein de manières différentes d'être en désordre et presque une seule d'être en ordre. C'est la raison profonde de l'évolution vers le désordre qui constitue l'une des lois les plus fondamentales de la nature. Peut-être même la plus fondamentale.

HÉCATE : En ce qui me concerne, à propos de lait, je choisis celui à base de soja. Cela évite bien des malheurs associés à la triste industrie de l'exploitation animale. Elle est plus violente que tu ne peux l'imaginer, à commencer par les bébés retirés à leur mère à la seconde même de leur naissance et privés de toute forme d'affection – c'est un euphémisme ! – mais surtout, ensuite, par…

HÉLIOGABALE : Mais arrête ! Tu sais bien que je sais que tu as raison ! N'insiste pas.

HÉCATE : D'accord, mais ne l'oublie pas. Il ne suffit pas de ne plus penser aux choses pour qu'elles disparaissent. Donc, quand le désordre est grand, ça veut dire qu'on ne sait pas vraiment quel est l'état détaillé du système ? Les molécules de lait peuvent être un peu n'importe où ?

HÉLIOGABALE : Oui, précisément ! Cette grandeur, qu'on appelle entropie en physique, mesure aussi bien le désordre que l'information manquante sur un système quand on le regarde de loin. Si le système est parfaitement ordonné, en le regardant à peine, je sais tout de lui. En revanche, si le système est en bazar, ça ne suffit pas : en regardant quelques molécules du lait qui a diffusé, je ne sais rien des autres. Plus le système est désordonné – ou entropique – moins j'ai d'information sur lui à partir d'une observation grossière. C'est pourquoi désordre et information perdue sont très liés et se condensent dans ce concept central d'entropie.

Hécate : Cette loi d'augmentation de l'entropie ou du désordre, que tu évoques, je pense qu'elle admet une exception de taille !

Héliogabale : Ah oui ?

Hécate : Oui ! Pense aux trous noirs, voyons… Si j'y jette un système très désordonné – disons donc du café au lait bien chaud pour reprendre notre exemple –, l'entropie de l'Univers a bien diminué puisque ma tasse et son désordre ont disparu !

Héliogabale : Voilà qui est en effet contrariant. Mais est-ce que quelque chose ne va pas augmenter dans cette opération ?

Hécate : Si, forcément, l'aire de la surface du trou noir. Puisque celle-ci dépend de la masse du trou noir et que cette masse augmente quand je lance un objet dedans, nécessairement l'aire augmente. Et comme rien ne peut sortir d'un trou noir, en fait, l'aire ne peut qu'augmenter. Comme l'entropie !

Héliogabale : Génial, tu viens de retrouver le fameux argument du physicien Jacob Bekenstein.

Celui-ci utilisait, comme toi mais de façon mathématiquement plus élaborée, le théorème de Stephen Hawking montrant que l'aire de la surface des trous noirs est bien obligée de croître, comme tu l'as senti intuitivement.

Hécate : Donc, si les trous noirs avaient une entropie mesurée par leur aire, ce qui est cohérent puisque l'un et l'autre ne peuvent pas diminuer, celle-ci augmenterait quand quelque chose tombe dedans.

Héliogabale : C'est tout à fait cela ! Et l'idée est que cette augmentation de l'entropie des trous noirs surcompense la perte d'entropie due à la disparition de la tasse de café. Au total, l'entropie de l'Univers a donc bien augmenté, comme le requiert la physique classique. Nous avons perdu de l'entropie puisque celle de la tasse et de son liquide est devenue inaccessible, mais nous en avons gagné plus encore parce que le trou noir qui les a avalés a vu son entropie croître de façon importante. Le bilan net est positif.

Hécate : Mais si l'entropie, comme on vient de le dire, est le nom de la mesure du désordre, c'est aussi celui de « l'information manquante ». Quand je dis que dans cette pièce, il y a 50 mètres cubes d'air à une pression de 1 013 millibars (une atmosphère) et à une température de 19 degrés Celsius, je spécifie tout ce qui est important pour moi. Évidemment, cela ne dit rien de la position et de la vitesse des milliards de milliards de molécules qu'il y a dans la pièce. Je « rate » une quantité d'informations colossale ! C'est, je suppose, le sens de l'entropie élevée du gaz autour de nous : celui-ci est composé de plein d'objets microscopiques qu'on ne voit pas. Je ne comprends pas quel est l'analogue pour un trou noir. Un trou noir n'est justement pas composé de molécules.

HÉLIOGABALE : Je ne le comprends pas non plus ! Et je crois que personne ne le comprend. C'est un immense paradoxe de physique contemporaine. Les trous noirs ont une entropie gigantesque et pourtant ils ne semblent pas être composés de petits éléments microscopiques, c'est très curieux !

HÉCATE : En est-on certain ?

HÉLIOGABALE : De quoi ? Qu'ils ont une entropie énorme ? Je dirais oui, autant qu'on peut l'être. Imagine une boule composée de n'importe quelle matière. Elle a une certaine entropie. Supposons qu'on fasse s'effondrer dessus une coquille de lumière qui apporte assez d'énergie pour que la boule de matière s'effondre en un trou noir qui a exactement la même taille. Dans ce processus, l'entropie augmente, c'est ce que demandent les lois de la physique. Donc le trou noir résultant a plus d'entropie que la manière initiale. Donc, pour une zone donnée de l'espace, rien n'a plus d'entropie qu'un trou noir ! Maintenant, pour la deuxième partie de ta question, « est-on certain qu'ils ne sont pas composés de petits éléments microscopiques ? », là je ne m'avancerais pas.

HÉCATE : À quoi penses-tu ?

HÉLIOGABALE : Je t'en parlerai une autre fois. Disons que des théories plus complexes et complètes que celles d'Einstein, mais plus spéculatives aussi, ce qu'on nomme des théories de gravitation quantique, pourraient apporter des éléments de réponse à ce paradoxe. Il est possible, par exemple, que l'horizon des trous noirs ait en réalité une structure et soit composé de minuscules « plaquettes » de surface qui jouent un rôle analogue à celui des molécules pour un gaz.

HÉCATE : Oh... N'allons pas trop vite. Sans nous aventurer pour le moment vers ces modèles incertains, il y a quelque chose de plus élémentaire qui m'échappe. Je comprends que l'entropie, le désordre, est liée à la température. Si la température augmente dans la pièce, les molécules vont s'agiter de plus en plus, et l'entropie va s'en ressentir. Mais il n'y a pas de température associée aux trous noirs.

HÉLIOGABALE : Et bien justement, Hawking a montré qu'il était possible de définir une température pour les trous noirs. C'est d'ailleurs l'une des plus belles formules de la physique parce qu'elle est fort simple et fait intervenir toutes les constantes fondamentales : la vitesse de la lumière, la constante de Planck, la constante de Boltzmann et la constante de Newton.

Cela signifie qu'elle convoque des aspects relativistes, quantiques, statistiques et gravitationnels ! Toute la physique est en quelque sorte à l'œuvre ici. Elle stipule essentiellement que la température d'un trou noir est l'inverse de sa masse.

HÉCATE : Cela me semble contradictoire. Un corps chaud rayonne. Or, rien ne peut sortir d'un trou noir, il ne peut donc pas rayonner.

HÉLIOGABALE : Excellente remarque. Mais, tu sais, en physique, ce qu'on énonce a rarement une portée absolument universelle. C'est vrai seulement dans un certain domaine de validité. Quand nous disons que rien ne peut sortir d'un trou noir, c'est tout à fait exact en mécanique classique. Mais ce n'est plus correct en mécanique quantique.

HÉCATE : Mais laquelle est vraie ? La mécanique classique ou la mécanique quantique ? Et, d'ailleurs, qu'est-ce que la mécanique quantique ?

HÉLIOGABALE : La mécanique classique suffit dans beaucoup de circonstances. C'est une excellente approximation. C'est la physique qu'on apprend au lycée, qui s'est construite depuis Newton jusqu'à la fin du XIXe siècle. Mais la mécanique quantique, qui est une meilleure théorie, doit être parfois utilisée. Par exemple, quand on s'intéresse aux atomes ou aux particules élémentaires, il faut tenir compte des lois de la mécanique quantique. Pour la chute d'une pierre, c'est inutile, mais pour le comportement des particules élémentaires, cela peut se révéler indispensable. La mécanique quantique introduit une forme de hasard et de délocalisation dans la physique.

Hécate : Restons-en aux trous noirs, c'est déjà assez compliqué comme ça ! Qu'est-ce que cette physique quantique a à voir avec la curieuse température des trous noirs ?

Héliogabale : Voilà... En mécanique quantique, certains événements usuellement impossibles peuvent tout de même se produire.

Hécate : Comme ressortir d'un trou noir ?

Héliogabale : Exactement ! Quand on pense à de très gros trous noirs, cet effet est négligeable et l'assertion suivant laquelle rien ne ressort d'un trou noir est correcte. Mais si l'on pense à de petits trous noirs, pour lesquels les effets quantiques vont jouer un rôle, alors ce n'est plus si simple. On dit que les trous noirs s'évaporent !

Hécate : Voilà qui contredit tout ce que tu m'as appris.

Héliogabale : Eh oui ! Les trous noirs de faible masse, au contraire de tombeaux sombres – ou peut-être plutôt de cénotaphes – dans lesquels la matière vient s'échouer sans espoir de retour, sont de véritables phares qui rayonnent de la lumière et sont même très explosifs !

Hécate : La matière qui est tombée dedans initialement ressort ?

Héliogabale : C'est plus compliqué que cela. Il n'y a aucune bonne description de ce phénomène sans entrer dans les détails des transformations de Bogoliubov et de la théorie des champs en espace courbe.

Hécate : Euh… En effet je préférerais que nous n'y entrions pas !

Héliogabale : Certains disent que les trous noirs exercent un tel « effet de marée » sur le vide peuplé de fluctuations quantiques que cela émet des particules. C'est une façon de voir qui n'est pas tout à fait correcte mais permet de « sentir » quelque chose du phénomène. Un peu comme si les paires de particules qui se forment sans cesse dans le vide, conformément aux lois quantiques, pouvaient être tellement « étirées » par le trou noir que l'un des membres de la paire pourrait s'échapper.

Hécate : L'analogie me plaît mais je ne vois pas bien pourquoi la masse du trou noir diminue alors qu'une particule tombe dedans.

Héliogabale : Tu as entièrement raison. Cette image naïve ne permet pas de le comprendre, sauf à dire que l'énergie totale étant globalement conservée, puisqu'une particule est émise, il faut bien que la masse du trou noir diminue pour compenser cela. Mais il y a une autre manière simple d'y penser qui te satisfera peut-être d'avantage. Elle consiste à imaginer que la matière qui est au centre, au niveau de la singularité, « saute » à l'extérieur du trou noir grâce à ce qui est connu en mécanique quantique sous le nom d'« effet tunnel ». On désigne ainsi un processus qui est usuellement interdit mais qui, pourtant, peut néanmoins advenir dans le monde quantique. Un peu comme si en se jetant contre un mur, nous avions une probabilité infime mais non nulle de le traverser. Cela permet d'ailleurs de comprendre pourquoi les gros trous noirs ne s'évaporent presque pas : l'horizon est trop loin du centre et l'effet tunnel a peu de chance d'avoir lieu.

HÉCATE : Mais le résultat brut est donc que les petits trous noirs sont chauds et s'évaporent ?

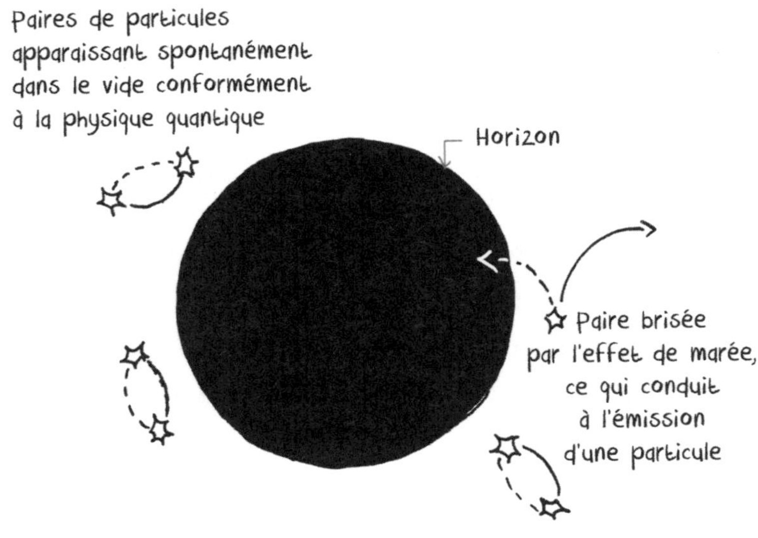

Héliogabale : C'est exactement cela. Et c'est que qu'on nomme l'effet Hawking.

Hécate : Et qu'émettent-ils ?

Héliogabale : Tout ce qu'ils peuvent. N'oublie pas ce que tu disais : la gravitation est démocratique. En fin de vie, ils vont donc émettre des photons, des électrons, des quarks… toutes les particules élémentaires, sans discrimination.

Hécate : Sans discrimination ? Voilà qui devrait inspirer nos dirigeants politiques ! Mais il y a quand même quelque chose qui cloche. Tu dis que la température est l'inverse de la masse. Donc quand un trou noir s'évapore et perd de sa masse, sa température devrait augmenter. Mais c'est impossible. Un morceau de fer chaud se refroidit quand il rayonne.

Héliogabale : Bien vu. Les trous noirs, en effet, ne font rien comme tout le monde. Quand ils rayonnent de l'énergie ils se… réchauffent ! C'est pourquoi ce sont de véritables bombes. Plus ils sont chauds, plus ils s'évaporent vite, mais plus ils s'évaporent, plus ils se réchauffent. Le processus s'emballe.

Hécate : Ces cent millions de trous noirs qui existent probablement dans notre seule galaxie sont donc autant de bombes disséminées ?

Héliogabale : Non, parce qu'ils sont très massifs. Ceux-là ne s'évaporent pas, ils sont bien trop froids.

Seuls les trous noirs microscopiques sont concernés par ce phénomène.

HÉCATE : Mais, quand même, ce qui est émis par les trous noirs est bien la même chose que ce qui est tombé dedans pour les former.

HÉLIOGABALE : Non, aussi étonnant cela puisse-t-il paraître. Il semble que ce qui est émis soit un rayonnement purement thermique, c'est-à-dire sans aucune marque ou empreinte du « passé » du trou noir. Un rayonnement banal, quelconque, ne contenant aucune information. Le même que celui qui serait émis par un four ayant une température identique à celle du trou noir considéré.

HÉCATE : Les trous noirs seraient donc amnésiques ? Je croyais qu'en physique, on ne perdait jamais l'information. Ça semble évident : si l'on connaît l'état final d'un système et les lois de la physique, on doit pouvoir retrouver ce qu'il était dans le passé. Mais si le rayonnement des trous noirs n'a aucun lien avec ce qui les a engendrés, alors l'information est perdue. C'est incohérent.

HÉLIOGABALE : Tu mets le doigt sur l'un des problèmes centraux de la physique théorique. Je n'ai aucune réponse consensuelle à te donner face à cette question. De très multiples hypothèses sont considérées en ce moment. Est-ce que l'information est réellement perdue ? Est-ce qu'elle est présente dans une sorte de bébé univers dans le trou noir ? Est-ce qu'elle est restituée par une symétrie temporelle ? Est-ce que les trous noirs ne s'évaporent pas complètement ? Est-ce que l'information est copiée ailleurs dans l'Univers ? Est-ce que l'information est comme codée sur l'horizon ?

Hécate : Tu vas trop vite. Explique-moi !

Héliogabale : Cela nous emmènerait trop loin. Et à quoi bon entrer dans les détails de solutions si incertaines ? Ce que je veux juste te montrer, c'est qu'il existe plusieurs « classes » de réponses possibles et de nombreux modèles différents pour chacune des classes que nous venons d'évoquer. Personne ne connaît aujourd'hui la bonne réponse à cette question.

Hécate : Mais il me semble que Stephen Hawking a récemment annoncé avoir la solution à ce problème. Tous les journaux en ont parlé.

HÉLIOGABALE : Il a proposé une solution possible. Son idée n'est qu'un des nombreux modèles tombant dans l'une des six catégories esquissées. Et, à mon sens, c'est une proposition très exotique et assez peu convaincante.

HÉCATE : La question est donc ouverte. Voilà qui pourrait faire un bon sujet de thèse de doctorat pour moi dans quelques années !

HÉLIOGABALE : Vraiment ? Hécate, dont les pouvoirs nocturnes sont si immenses, la redoutable compagne des terribles Érynies, l'intime d'Hadès et de Perséphone, la magicienne de l'obscur, entreprendrait donc d'approfondir l'information perdue des trous noirs ? J'en suis fort heureux.

Idées clés

- Les trous noirs possèdent une entropie gigantesque. Ce qui signifie qu'ils sont associés à un « désordre » important.
- Les trous noirs de faible masse sont très chauds et s'évaporent.
- Pour tous les processus classiques ou quantiques, il existe un « processus inverse » et l'information n'est donc en principe jamais perdue. Mais il n'y a pas de « processus inverse » possible pour la chute dans un trou noir. Cette situation est extrêmement spécifique.
- Nous ne savons pas ce qu'il advient de l'information physique lors de l'évaporation d'un trou noir.

7

Verra-t-on bientôt des trous noirs ?

Les deux amis se sont installés à la terrasse d'un petit café grenoblois. La présence de montagnes enneigées, visibles au bout de chaque rue et intensément illuminées par le froid Soleil d'hiver, les enjoint à pousser l'échange plus avant. Ils s'interrogent sur la possibilité d'observer « directement » des trous noirs ou d'en former grâce aux accélérateurs de particules.

Hécate : Je trouve qu'il y a, dans le concept de trou noir, quelque chose qui dépasse le simple intérêt scientifique. Pas un appel mystique ou magique, naturellement, mais plutôt quelque chose d'absolument beau parce qu'absolument autre.

Héliogabale : Je partage ton intérêt pour cette altérité radicale. Et il est réjouissant que tu n'en aies pas peur. La peur de l'autre est une gangrène, je crois. Surtout en ces temps troubles où la généralisation de la « politique de la peur » contribue à engendrer les monstres qu'elle entendait conjurer.

Hécate : C'est un peu la même chose au niveau des querelles d'intellectuels, d'ailleurs, même si leurs effets sont heureusement souvent moins violents ! J'ai remarqué avec tristesse que certains croient déceler des erreurs dans des pensées qu'ils ne parviennent en fait simplement pas à faire fonctionner dans l'étendue de leur complexité. C'est désolant.

Héliogabale : Ce n'est pas grave ! Ne t'arrête pas à cela. Tu sais, à l'époque romantique, rien n'était plus glorieux ou désirable que d'être condamné bien qu'étant innocent. C'est ce qui transformait le beau en sublime. Je crois qu'aujourd'hui encore, susciter le rejet de ceux qui ne nous connaissent pas ni ne nous comprennent est presque bon signe : seules les idées mièvres ne suscitent aucune réaction. Il faut juste rester rigoureux, modeste et ouvert !

HÉCATE : Je suis essentiellement en accord avec toi ! Et pour en revenir aux monstres que tu évoquais, je dirais que les trous noirs sont, quant à eux, plutôt de jolis monstres.

HÉLIOGABALE : Qu'en sais-tu ?

HÉCATE : Une intuition, sans doute. Mais quand va-t-on les voir ?

HÉLIOGABALE : Si par « voir », tu veux dire avoir des indications fiables de leur existence, je dirais que c'est déjà le cas. Outre les jets, les disques d'accrétion et les mouvements des étoiles autour d'eux, la mesure détaillée des ondes gravitationnelles émergeant de la coalescence de deux trous noirs, publiée en février 2016, devrait suffire à nous convaincre.

HÉCATE : Cette coalescence, qu'est-elle exactement ?

HÉLIOGABALE : Deux trous noirs tournent l'un autour de l'autre. Comme ils perdent de l'énergie en faisant vibrer l'espace, leurs orbites se rapprochent et ils finissent par fusionner. Et on a même pu observer la relaxation du trou noir final qui, en une fraction de seconde, passe de la forme d'un haricot à celle d'une sphère parfaite, juste un peu aplatie par sa rotation sur elle-même.

HÉCATE : Et je suppose que les singularités initialement présentes au centre de chacun des trous noirs vont, elles aussi, rapidement se réunir. Mais au sens usuel d'une observation, verra-t-on un jour des trous noirs, oui ou non ?

HÉLIOGABALE : Avec de la lumière visible au sens strict, celle que nos yeux perçoivent, ce n'est pas pour demain ! Mais avec des ondes électromagnétiques radiofréquences, c'est-à-dire de la lumière de basse énergie, oui je pense que c'est pour bientôt. Un magnifique projet, nommé Télescope à Horizon d'Événement (EHT), est en préparation.

HÉCATE : Il va tenter d'observer le trou noir le plus proche de la Terre ?

HÉLIOGABALE : Non. Ce qui compte c'est que le trou noir ait la taille angulaire la plus importante possible. Autrement dit qu'il produise l'image la plus large sur le détecteur. Et il se trouve que le meilleur candidat pour cela est Sagitarius A*, le trou noir qui se trouve au centre de notre Galaxie. Ce n'est pas le plus proche, mais comme il est nettement plus grand que ceux situés à proximité, il est en fait plus aisé à détecter.

HÉCATE : Ah oui, celui dont la masse est quatre millions de fois plus grande que celle du Soleil. Il doit être immense...

HÉLIOGABALE : Il ne fait que quelques dizaines de fois la taille du Soleil. Ce n'est pas si grand quand on pense qu'il se trouve à 25 000 années-lumière de la Terre. En fait, sa taille apparente est même minuscule, c'est pourquoi il est si difficile de l'observer.

HÉCATE : Il faudrait une antenne gigantesque.

HÉLIOGABALE : C'est bien le problème. La résolution d'un instrument dépend de sa taille : plus il est large, plus il voit des détails fins. Et pour bien observer l'horizon de ce trou noir, il faudrait que la taille de l'antenne soit à peu près celle de la Terre.

HÉCATE : C'est impossible. Nous n'allons pas transformer notre planète en radiotélescope géant. Nous avons fait assez de dégâts comme ça…

HÉLIOGABALE : Bien d'accord ! Mais, heureusement, ce n'est pas nécessaire. Il existe une astuce géniale. On appelle cela l'interférométrie. L'idée consiste à combiner les mesures de plusieurs antennes d'une manière particulière qui permet de faire en sorte que la résolution obtenue corresponde à la distance totale entre les antennes et non pas à la taille d'une seule antenne. De cette manière, avec quelques antennes bien réparties à la surface de la Terre, on pourra disposer d'une quasi-antenne géante dont la résolution sera suffisante pour voir Sagitarius A*. Si tout se passe normalement, ça devrait fonctionner dans quelques années.

HÉCATE : Et d'ici là, rien à attendre ?

HÉLIOGABALE : Bien au contraire ! L'instrument Gravity, mis en place auprès du réseau de télescopes européens VLT (Very Large Telescope), utilise précisément cette même approche interférométrique pour d'ores et déjà nous permettre de sonder – mais dans le domaine optique cette fois – l'environnement direct de Sagitarius A*.

HÉCATE : Tant mieux ! Mais à défaut de les voir aisément, puisqu'ils sont éloignés de nous, pourquoi ne fabriquons-nous pas des trous noirs ?!

HÉLIOGABALE : Il faudrait par exemple prendre la masse du mont Everest, soit environ un million de milliards de kilogrammes et la compresser dans une sphère un milliard de fois plus petite qu'une tête d'épingle. Tu penses pouvoir faire cela ?

HÉCATE : Dit comme ça, évidemment... Mais le grand accélérateur de particules, le LHC du CERN, n'a-t-il pas pour vocation de créer des petits trous noirs ?

Héliogabale : Non, pas du tout. Il a été conçu pour trouver le boson de Higgs – et en cela il a réussi – et pour trouver des particules supersymétriques – et en cela il a échoué.

Hécate : Que sont ces choses étranges ? Le Higgs, c'est bien l'origine de la masse ?

Héliogabale : Pas vraiment. C'est ce qui est dit trop souvent. Je pense plutôt qu'il faut le voir comme l'entité physique qui permet de comprendre pourquoi le réel est effectivement diversifié alors que les forces sont unifiées dans les théories. On apprend que la science des particules élémentaires énonce que les forces qui nous semblent si différentes sont en réalité la même chose. Et pourtant, au quotidien, elles ne le sont pas : la force nucléaire n'est heureusement pas la force électrique. C'est un peu le rôle du Higgs que de lever la contradiction entre la convergence annoncée et la multiplicité observée. Grâce à lui, ce qui est identique dans certains cas peut effectivement se différencier dans d'autres cas.

Hécate : Et la supersymétrie ?

Héliogabale : En physique, les forces et les particules sont deux choses différentes. Les interactions sont décrites d'une part, et les objets matériels sont considérés d'autre part. Ils sont de nature différente, comme deux mondes mathématiques qui ne se parlent presque pas. La supersymétrie est une magnifique théorie qui permet de jeter un pont entre eux. Elle présente aussi beaucoup d'autres attraits tant d'un point de vue esthétique que d'un point de vue technique.

Hécate : Ah ! La théorie parfaite, quoi !

Héliogabale : À ce détail près qu'elle est fausse ! Enfin, ce n'est pas encore certain, mais disons que le LHC, pour le moment, ne voit aucune indication en ce sens. C'est cela qui est beau aussi en science : ce qu'on observe est rarement ce qui était prévu. La déception fait partie du jeu.

Hécate : Nous discuterons du monde des particules élémentaires une autre fois. Revenons aux trous noirs. Le LHC va-t-il en produire ?

Héliogabale : Très probablement pas. Dans le cadre de la physique connue, la réponse est clairement négative. Pour que deux protons, les particules qui circulent au LHC, entrant en collision forment un trou noir, il faudrait qu'ils aient une énergie 10 000 milliards de fois plus grande que celle disponible dans ce collisionneur. Dans ce cas-là, en effet, l'énergie du choc serait au-dessus de ce qu'on nomme « l'énergie de Planck » et il serait alors possible de former un trou noir. Nous en sommes loin.

Hécate : Mais alors, pourquoi cette éventualité a-t-elle été envisagée ?

Héliogabale : Parce que, dans certaines théories, la véritable énergie de Planck serait beaucoup plus faible que ce qu'on pense et l'énergie disponible au LHC pourrait être en fait suffisante pour la dépasser.

HÉCATE : Sur quoi ces théories reposent-elles ?

HÉLIOGABALE : Sur l'existence de dimensions supplémentaires. Nous percevons au quotidien trois dimensions d'espace. Nous vivons dans un monde tridimensionnel (avant-arrière, droite-gauche, haut-bas). Certaines théories – spéculatives mais sérieuses – requièrent l'existence d'autres dimensions qui nous seraient « cachées » parce que trop petites ! Pour former des trous noirs, il faudrait non seulement qu'il y ait plusieurs nouvelles dimensions, mais également que leurs tailles soient adaptées. Si seule la gravitation peut « fuir » dans ces dimensions supplémentaires, cela expliquerait pourquoi la gravitation semble si faible : elle ne serait plus ténue que les autres forces que parce qu'elle serait diluée dans de multiples dimensions.

HÉCATE : La gravitation n'est pas si faible, il me semble. On peut se faire mal en tombant.

HÉLIOGABALE : Détrompe-toi, elle est extrêmement faible comparée aux autres interactions. Par exemple, imagine un atome pour lequel l'électron serait lié au proton non pas par la force électromagnétique, comme c'est le cas en réalité, mais par la force gravitationnelle. La gravité est si infime que le rayon de cet « atome gravitationnel » serait... plus grand que celui de l'Univers observable !

HÉCATE : Impressionnant en effet. Mais, donc, ces petits trous noirs, si on les formait quand même, si ces théories étranges étaient dans le vrai, ce serait fort dangereux ?

HÉLIOGABALE : Non, car ils s'évaporeraient tout de suite par effet Hawking !

HÉCATE : Oui, enfin, nous n'avons encore jamais observé cette fameuse évaporation de Hawking. C'est à ce stade une spéculation. Un risque demeure donc.

HÉLIOGABALE : Nous n'avons pas observé l'évaporation des vrais trous noirs, tu as raison, mais nous l'avons vue pour ce qu'on nomme des « trous noirs acoustiques ». Ils sont l'équivalent des trous noirs, mais avec des fluides. Dans ce cas, ce sont les ondes sonores qui ne peuvent ressortir, plutôt que les ondes lumineuses dans le cas des vrais trous noirs. Ce n'est pas exactement la même chose, mais le fait que ces « faux » trous noirs semblent montrer ce phénomène d'évaporation est très bon signe pour la validité de cette prédiction.

HÉCATE : Bon. Mais donc le risque demeure puisque nous n'avons pas de preuve pour les vrais trous noirs.

HÉLIOGABALE : En fait, ce que le LHC fait, au CERN, la nature le fait déjà. Il y a à chaque instant des particules énergétiques produites par des explosions d'étoiles qui viennent heurter l'atmosphère de la Terre à des énergies plus grandes que celles du LHC. Si cela devait être létal pour notre planète, elle aurait donc déjà disparu. Et pourtant, nous sommes toujours là. C'est un argument assez fort je crois.

HÉCATE : J'en conviens. Tu dirais donc qu'il n'y a pas le moindre risque ?

HÉLIOGABALE : Mais vivre est risqué ! Respirer est risqué ! Penser est risqué ! Je dis juste qu'il n'y a aucun risque raisonnablement identifié dans ces collisions de particules. La quête du savoir, comme toute activité humaine, ne présente jamais absolument aucun risque…

Hécate : C'est vrai. Mais si ces petits trous noirs étaient donc formés, les collisions des particules se trouveraient masquées par l'horizon du trou noir juste créé. Ce serait la fin de la physique des particules.

Héliogabale : En effet. Mais pas la fin de la physique. Puisque la manière dont ils s'évaporent permettrait par exemple de mesurer le nombre et la taille des dimensions supplémentaires. Mais, vraiment, je crains que cela n'arrive pas.

Hécate : Tu le crains ?

Héliogabale : Oui, disposer des objets les plus fascinants de l'Univers au cœur du détecteur le plus complexe jamais construit par l'humanité aurait été magnifique…

Idées clés

- Un réseau de radiotélescopes devrait bientôt permettre d'observer l'horizon du trou noir au centre de notre Galaxie.
- La production de micros trous noirs auprès des accélérateurs de particules est extrêmement improbable et, quand bien même elle aurait lieu, tout à fait sans risque.

8

Trous noirs et nouvelle physique

Hécate et Héliogabale se retrouvent dans le studio d'Hécate. Ils sont fatigués et un peu mélancoliques, presque désenchantés par une évolution sociétale qui ne leur sied guère. Ils savent pourtant que penser est déjà un geste de résistance et vont tenter de s'atteler à l'un des problèmes les plus difficiles de la physique : la compréhension des trous noirs dans le cadre de la gravitation quantique, cette fameuse théorie recherchée sans succès depuis près d'un siècle.

HÉLIOGABALE : Que lisais-tu quand je suis entré ?

HÉCATE : Borges. *La Bibliothèque de Babel.*

HÉLIOGABALE : Ah ! Parfait. Génial poète et écrivain argentin dont l'œuvre me touche aussi par ses jeux de miroirs sans fin. Et as-tu trouvé dans cette bibliothèque, quelque part, nos conversations déjà écrites ?

HÉCATE : Je réfléchissais justement sur cette dimension absolument inépuisable de la littérature. Si peu de mots et tant de livres possibles. Finalement, c'est une chance. La physique, elle, est presque achevée.

HÉLIOGABALE : Je partage ton sentiment sur la littérature mais pas sur la physique. Elle aussi est loin d'être terminée.

HÉCATE : Mais les théories fonctionnent si bien…

HÉLIOGABALE : Plusieurs fois déjà nous nous sommes crus proches de la fin ultime, de la connaissance absolue. Cela me semble extrêmement présomptueux.

HÉCATE : Mais pourtant, en pratique, nous avons déjà presque tout ce qui est nécessaire : la mécanique quantique pour décrire le monde microscopique et la relativité générale pour décrire le macrocosme.

HÉLIOGABALE : À ce détail près que ces deux belles théories ne sont pas compatibles l'une avec l'autre.

HÉCATE : La théorie des cordes n'a-t-elle pas réussi cela ?

Héliogabale : Oui et non… La théorie des cordes est une magnifique tentative d'unification des interactions fondamentales et des particules élémentaires. Elle est d'une grande élégance mathématique. Mais elle est également très exigeante en lourdes hypothèses. En particulier, elle ne fonctionne que si l'espace possède neuf ou dix dimensions.

Hécate : Elle est donc exclue, puisque notre monde a seulement trois dimensions !

Héliogabale : On pourrait le penser, oui. Mais ces dimensions que nous ne percevons pas seraient en fait recourbées sur elles-mêmes, et seraient si petites qu'il n'est pas forcément contradictoire de ne pas les observer.

Hécate : Les accélérateurs de particules voient ce qui est minuscule, on devrait bientôt observer ces choses-là.

Héliogabale : Hélas, tenter de déceler les cordes à partir des longueurs accessibles à l'accélérateur LHC serait comme tenter d'observer une pointe de stylo à bille sachant que la plus petite taille visible est voisine de la distance entre le Soleil et Jupiter. On peut espérer voir des effets indirects mais ce sera sans doute très difficile.

Hécate : Délicat défi, en effet. Mais, finalement, sans lien essentiel avec nos trous noirs.

Héliogabale : Pas tout à fait. En réalité, il est très fructueux de s'atteler aux paradoxes générés par les trous noirs dans le cadre de ce type de théories spéculatives.

Le fait qu'elles puissent – ou non – apporter des solutions cohérentes aux difficultés connues est déjà un guide quant à leur légitimité, sans avoir à faire la moindre expérience concrète !

Hécate : Certes, mais ce n'est pas non plus suffisant. Comme avec les univers multiples, ce que tu nommes le *multivers :* j'admets que le fait que ce multivers soit prédit de façon consistante et naturelle par des modèles sérieux est un bon point en sa faveur, mais cela ne remplace par la mise à l'épreuve observationnelle.

Héliogabale : Tu as raison. Mais en l'absence de telles expériences, il me semble remarquable qu'on puisse aller si loin par le biais d'« expériences de pensée ». C'est d'ailleurs ainsi qu'est née la relativité générale. Et si je suis d'accord avec toi sur le fait qu'il est indispensable de demeurer prudent et de ne pas balayer d'un revers de la main les fondements bien établis de nos méthodes scientifiques, il me semble qu'il ne faut pas non plus s'interdire l'exploration d'éventuelles nouvelles approches.

Hécate : Toujours est-il que les trous noirs étant des objets généralement assez gros et massifs, la théorie des cordes n'a probablement pas grand-chose à en dire.

Héliogabale : Sauf, justement, pour tenter de résoudre le paradoxe soulevé par l'évaporation de Hawking.

Hécate : Qui ne me semble pas être vraiment paradoxale en fait. En effet, on comprend bien la raison pour laquelle les petits trous noirs vont émettre des particules en s'évaporant : c'est l'effet de marée qui casse les paires de corpuscules apparaissant dans le vide selon la physique quantique. Je ne vois donc pas pourquoi on évoque à ce propos une sorte de grand mystère, c'est un phénomène étrange mais finalement bien expliqué.

Héliogabale : Mais le paradoxe n'est pas là. Le paradoxe vient de ce que l'information semble perdue : ce que le trou noir émet est, dans le calcul de Hawking, curieusement sans lien avec ce qui l'a formé. Et c'est ici que la théorie des cordes peut aider. La situation est encore obscure et incertaine mais il semble qu'il soit possible de décrire correctement les trous noirs, au moins certains d'entre eux, et d'échapper à la perte d'information.

Hécate : Comment est-ce possible ?

Héliogabale : C'est une longue et difficile entreprise. Mais en un mot disons qu'elle doit beaucoup à l'utilisation de nouveaux objets qu'on nomme D-branes et qui constituent les lieux où se trouvent les extrémités des cordes. Tu n'as pas besoin de savoir en détail ce dont il s'agit. Ce qui importe est que, dans ce cadre, une belle cohérence d'ensemble se dessine. C'est aussi lié à ce qu'on nomme le principe holographique.

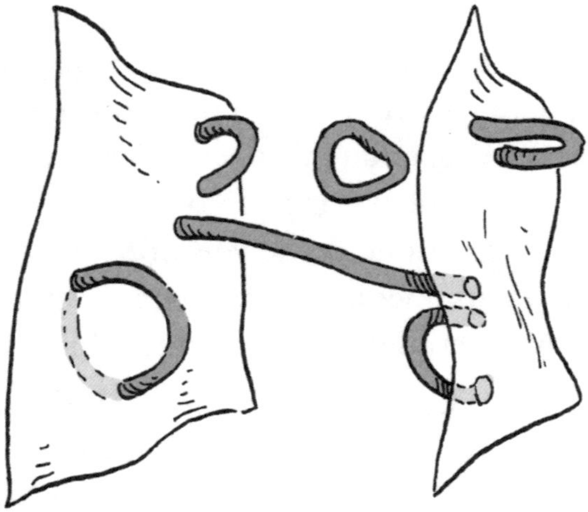

Hécate : Ah oui, on entend dire de plus en plus souvent qu'on vivrait dans un hologramme. C'est incroyable !

Héliogabale : Hum… Peut-être cette manière de l'énoncer est-elle un peu trompeuse. Un hologramme est, par définition, une image sur une surface qui permet de reconstruire ce qui se trouve dans un volume. Le principe holographique – qui demeure une hypothèse théorique à ce stade – ne dit pas réellement qu'en fait l'Univers *est* une surface. Il dit plutôt que toute l'information contenue dans le volume peut être encodée sur la surface.

Hécate : Et alors ? Ça ne me semble pas formidable, du coup. Je peux bien, en principe, écrire très petit sur la surface d'un livre tout ce que contient son volume.

HÉLIOGABALE : C'est un peu plus compliqué. En prenant un langage informatique, disons qu'il y a moins de « bits » d'information à la surface que dans le volume. Le fait qu'on puisse tout coder du volume sur la surface veut en fait essentiellement dire une chose : que toutes les configurations qu'on pensait naïvement possibles dans le volume ne sont en réalité pas possibles ! C'est la raison pour laquelle, en fait, la surface suffit.

HÉCATE : Mais vit-on donc réellement sur une surface ?

HÉLIOGABALE : J'en reviens à ma première question : que veut dire « réellement » ? Nous pensons les quarks réels, mais les Grecs pensaient que la triade des déesses lunaires était parfaitement réelle. En fait, ce que stipule ce principe, c'est qu'on peut décrire le même monde de deux manières différentes : sur la surface ou sur le volume.

HÉCATE : Et laquelle est vraie ?

HÉLIOGABALE : Celle que tu veux. Puisqu'elles sont précisément équivalentes.

HÉCATE : Finalement, la science, parfois, ouvre les possibles plus qu'elle ne restreint le réel.

HÉLIOGABALE : Je le crois et je l'espère.

HÉCATE : Cette histoire de paradoxe de l'information est donc résolue et la solution des cordes est consensuelle ?

Héliogabale : Loin de là. L'éclairage donné par la théorie des cordes est intéressant. Mais celle-ci ne jouit d'aucun support expérimental et ce n'est pas le seul modèle à considérer.

Hécate : Quels sont les autres ?

Héliogabale : Les pistes sont trop nombreuses pour qu'on puisse les énoncer en quelques mots.

Hécate : Bon, alors, laquelle a ta préférence ?

Héliogabale : En gravitation quantique à boucles, les…

Hécate : Qu'est-ce que c'est que cela ? Cordes ou boucles, c'est pareil ?

Héliogabale : C'est une alternative sérieuse à la théorie des cordes qui est en fait très différente de cette dernière. Il s'agit d'une autre manière de tenter de réconcilier la physique quantique et la relativité générale, nos deux grandes théories apparemment incompatibles. C'est une approche modeste et minimaliste : pas d'hypothèses révolutionnaires mais une prise en compte conjointe des grands principes bien établis.

Hécate : Voilà qui semble fort élégant. Et ça marche ?

Héliogabale : Il y a des difficultés, naturellement, mais oui, ça fonctionne plutôt bien. Le modèle global est correctement défini et quand on l'applique à l'Univers, on trouve que le Big Bang disparaît ! Il est remplacé par un Big Bounce, c'est-à-dire un grand rebond. L'Univers se serait contracté, aurait rebondi et se serait ensuite dilaté. Nous nous trouverions en ce moment dans cette phase d'expansion.

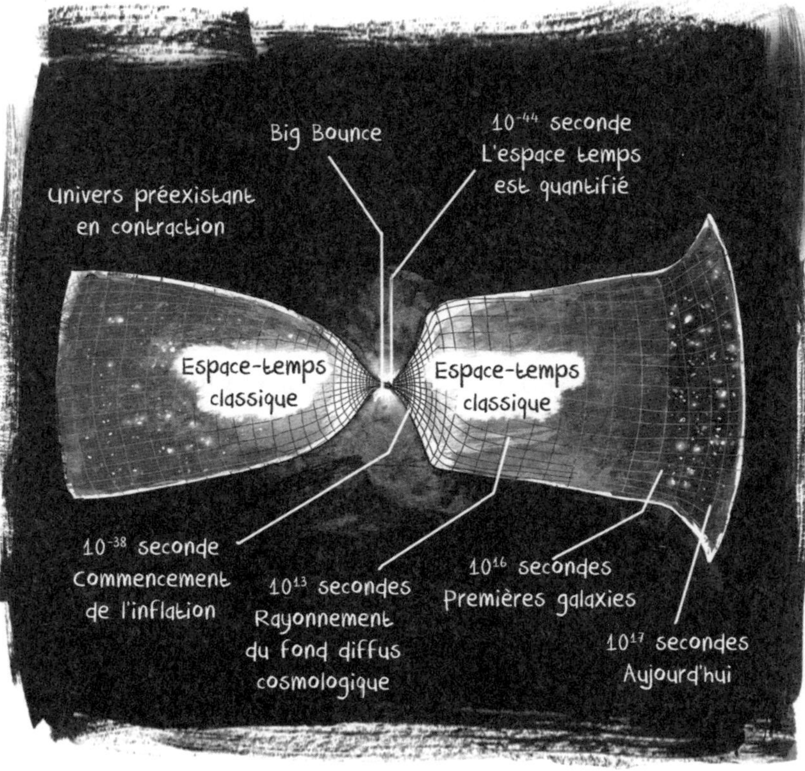

Hécate : Sur quoi aurait-il rebondi ?

Héliogabale : Sur lui-même. Comme une balle qui se contracte.

Hécate : Mais dans quel milieu se contracte ou se dilate-t-il ?

Héliogabale : Aucun. Il n'y a pas de « hors de l'Univers », en tout cas quand on entend Univers au sens fort. L'espace peut tout à fait se dilater sans être contenu dans un espace plus large. Il faut se départir de cette idée fausse suivant laquelle une expansion requerrait un milieu dans lequel s'étendre. Si l'on attend un certain temps, toutes les distances dans l'Univers (à grande échelle) auront été multipliées par deux, par exemple. C'est le sens de l'expansion, il n'est pas nécessaire d'immerger l'Univers dans quoique ce soit pour que cela soit possible. Et il n'est pas non plus nécessaire de décider s'il est fini ou infini.

Hécate : Et cela a un lien avec les trous noirs ?

Héliogabale : Peut-être. En fait, il semble que les trous noirs se comportent comme l'Univers : ils rebondissent !

Hécate : Mais ça me semble contradictoire : s'il y a un horizon, par définition, il est impossible que quelque chose s'échappe, sauf par effet Hawking ! Je ne vois donc pas comment la matière pourrait ressortir.

Héliogabale : En effet. Mais, justement, le point intéressant vient de ce que la gravitation quantique va modifier cette vision. L'horizon, ici, n'est plus qu'« apparent », il est moins drastique et rigoureux que l'horizon des événements que nous avons évoqué jusqu'à maintenant. Soyons clairs. En relativité générale, il y a deux solutions jumelles des équations d'Einstein : les trous noirs et les trous blancs. Ces derniers sont les symétriques temporels des premiers. Autrement dit : d'un trou noir rien ne peut sortir, dans un trou blanc rien ne peut entrer. Ils recrachent tout vers l'extérieur.

HÉCATE : Et on observe des trous blancs ?

HÉLIOGABALE : Non. Mais ce qui est intéressant c'est qu'en relativité, un objet implosant, un trou noir, ne peut jamais devenir un objet explosant, un trou blanc.

Les deux solutions ne sont pas reliées : l'une ne peut se transformer en l'autre. Mais dès que la physique quantique s'invite, cela devient possible !

Hécate : Comme avec l'univers en contraction et l'univers en expansion ?

Héliogabale : Exactement. On a encore affaire à un effet tunnel : la physique quantique autorise ce que la physique classique interdisait.

Hécate : Mais, attend… Tu as dit qu'on ne voyait pas de trous blancs. Alors qu'on voit, au moins indirectement, des trous noirs. Ce modèle est donc exclu.

Héliogabale : Tout dépend du temps que prend le rebond.

Hécate : J'imaginais cela rapide. Il me semble que la matière doit aller extrêmement vite quand elle s'effondre et, si rebond il y a, celui-ci ne devrait prendre qu'une fraction de seconde.

Héliogabale : C'est bien le cas… si on mesure le temps avec une montre qui se déplace avec la matière ! Mais imaginons maintenant qu'on observe ce rebond depuis un lieu éloigné.

Hécate : Par exemple, un astronome qui regarderait dans son télescope ?

Héliogabale : Par exemple, oui. Eh bien, pour celui-ci, le temps pris par ce même rebond serait gigantesque !

Hécate : C'est l'effet de dilatation du temps dans un champ gravitationnel intense dont nous parlions l'autre jour. Et ce temps serait plus grand que l'âge de l'Univers ?

Héliogabale : Tu as tout compris. Le temps de rebond mesuré de loin est effectivement, en général, plus grand que l'âge de l'Univers, ce qui explique que nous ne voyons pas les trous blancs mais juste les trous noirs. Ils sont comme figés dans leur mouvement.

Hécate : Ils le sont réellement ?

Héliogabale : Mais tu n'as que ce mot à la bouche ! Ils sont réellement figés pour l'observateur lointain et réellement en rebond très rapide pour les particules qui participent au rebond.

Hécate : Ils jouent donc le rôle de machine à voyager dans le futur pour ces particules. Elles prennent part au rebond, celui-ci dure pour elles une fraction de seconde et quand elles ressortent, il s'est passé des milliards de milliards d'années dans l'Univers alentour.

Héliogabale : C'est une très belle manière de l'exprimer.

Hécate : Mais puisque les caractéristiques de ce modèle sont donc, pour les observateurs lointains que nous sommes, les mêmes que ceux d'un trou noir standard, la théorie est impossible à tester.

Héliogabale : Oui, pour les trous noirs très massifs. Mais il n'est pas exclu que de petits trous noirs, dits primordiaux, se soient formés juste après la Big Bang (ou le Big Bounce). Pour ces derniers, le temps de rebond, même mesuré de loin, pourrait être plus petit que l'âge de l'Univers et il serait peut-être possible d'observer les trous blancs résultants !

Hécate : C'est joli. Mais tu ne m'avais jamais parlé de ces trous noirs primordiaux ! Je pensais que les trous noirs n'existaient qu'à des masses comprises entre quelques fois celle du Soleil et quelques milliards de fois celle du Soleil. Et là, nous évoquons des objets dont la masse pourrait être aussi faible que celle d'une poussière.

Héliogabale : À dire vrai, leur existence demeure hypothétique. Mais, dans l'univers très jeune, la densité était fort élevée et il n'est donc pas impossible qu'ils se soient formés. Si tel était le cas, les observer serait formidable ! Dans l'hypothèse du rebond que nous venons d'évoquer, ce sont alors des trous blancs qui apparaîtraient ; dans une vision plus conventionnelle, c'est le processus d'évaporation de Hawking qui se révélerait. Dans tous les cas, cette quête est fascinante.

Hécate : Le monde est fou…

Héliogabale : Et beau de cette folie.

Idées clés

- La théorie des cordes apporte des éléments de réponse intéressants pour comprendre le paradoxe de l'information dans les trous noirs.
- La gravitation quantique à boucles offre des pistes non moins prometteuses, conduisant à penser les trous noirs comme des structures en rebond conduisant à des trous blancs.
- De très petits trous noirs, dits primordiaux, ont pu se former juste après le Big Bang. Ils n'ont pas encore été détectés.

Épilogue

Hécate et Héliogabale sont assis dans l'herbe au voisinage d'une marre sauvage. Des touffes de graminées viennent frôler leurs cheveux. Le chant délicat des crapauds se mêle à la douce lumière crépusculaire. Ils s'émerveillent de la déambulation élégante de quelques fourmis égarées.

Hécate : Je me demande si, en fait, nous ne vivons pas dans un trou noir. J'aime à penser notre Univers comme étant lui-même un trou noir.

Héliogabale : Cette éventualité a été envisagée à de multiples reprises dans les dernières décennies. Sans être tout à fait convaincante à mon sens, elle demeure viable dans certains modèles. Il existerait alors comme une structure gigogne – peut être infinie – de trous noirs imbriqués les uns dans les autres.

Hécate : C'est assez fascinant. Il n'est pas aisé d'obtenir une vision simple des trous noirs !

Héliogabale : Je crois que la grande violence intellectuelle de notre temps est précisément l'obsession de la simplicité, ou ce que certains nomment « l'exigence de clarté ».

Hécate : Il me semble quand même plutôt louable d'être clair !

Héliogabale : Évidemment. Nul ne songerait à le contester. Mais le problème vient de ce que la clarté étincelante, pour ne pas dire aveuglante, est souvent obtenue au prix d'une simplification – voire d'une caricature – du réel qui confine parfois à la falsification. L'impératif de clarté auquel certains courants philosophiques ou idéologiques tentent de nous soumettre me semble relever d'une terrible répression de la pensée dont les conséquences sont incalculables. Ce qui ne signifie évidemment pas que l'obscurité doive être recherchée ou que toutes les postures sont correctes, naturellement. Mais je crois qu'il ne faut avoir peur ni de la subtilité, ni de la diversité. Résister face aux injonctions qui nous poussent à atrophier le monde. Considérer la quête de vérité avec sérieux, c'est-à-dire en tenant compte de l'histoire et en interrogeant le concept de vérité lui-même – qui a pris des sens si divers suivant les époques et les cultures – avec toute la finesse qu'il mérite.

HÉCATE : Oui, les trous noirs sont de beaux astres effondrés mais, quant à nous, n'effondrons pas les différents modes d'existence dans une unique manière d'appréhender la réalité. Continuons, contre les gardiens d'un temple vide, à défendre un être-au-monde où la science ose s'hybrider parfois avec la poésie et la littérature. Où l'art n'est pas dénigré. Où l'instable et le fragile ont droit de cité. Où la recherche – louable et nécessaire – de la vérité ne devient pas une nouvelle dictature oubliant que l'idée de vérité elle-même demande à être travaillée et n'est pas l'apanage de la seule physique. Où le rappel – indispensable – des faits afin de combattre les impostures ne nie pas pour autant la complexité de leur définition et la plurivocité de leurs significations. Osons un peu de subtilité.

HÉLIOGABALE : C'est une posture courageuse.

HÉCATE : Il faut faire des choix.

Héliogabale : Certainement. Mais rien n'interdit de demeurer également très critique par rapport à nos choix.

Hécate : Tu défends pourtant souvent les tiens avec passion et conviction. Tu es tellement sûr de toi.

Héliogabale : Détrompe-toi ! C'est exactement l'inverse. Je suis en perpétuel porte-à-faux par rapport à moi-même. Je doute de chacune de mes positions. Je sens une contradiction latente, et parfois patente, infecter – mais aussi mettre en branle et donc en marche – le moindre atome de pensée naissante. Tout est fragile et je le suis plus encore que les propositions que je tente de faire fonctionner, fût-ce au titre d'hypothèses.

Hécate : Les trous noirs nous mènent loin. Je me souviens que le poète Fernando Pessoa demandait : « Existe-t-il des déchirures dans l'espace, qui donnent sur l'autre côté ? ». Finalement, nous n'avons pas vraiment répondu à cette question, mais le chemin parcouru a fait vaciller beaucoup de mes certitudes. Il a enrichi mon réel. Et je sens que la physique est bien loin d'en avoir terminé avec cet immense problème. Il faudra que nous en reparlions dans quelques années…

Héliogabale : Et c'est toi, alors, qui m'expliqueras les résultats de tes recherches et, je l'espère, la solution à certaines des énigmes que nous avons passées en revue.

Références bibliographiques

Ouvrages introductifs

J.-P. Luminet, *Les trous noirs*, Paris, Seuil, 1992.

A. Riazuelo et R. Lehoucq, *Les trous noirs : À la poursuite de l'invisible*, Paris, Vuibert, 2016.

M. Smerlak, *Les trous noirs*, Paris, PUF, 2016.

L. Susskind, *Trous noirs : La guerre des savants*, Paris, Robert Laffont, 2010.

K. S. Thorne, *Trous noirs et distorsions du temps : L'héritage sulfureux d'Einstein*, Paris, Flammarion, 2009.

Pour aller plus loin

A. Barrau et J. Grain, *Relativité générale*, Paris, Dunod, 2016 (2e ed.).

D. Gialis et F.-X. Désert, *Relativité générale et astrophysique : Problèmes et exercices corrigés*, Les Ulis, EDP Sciences, 2015.

D. Langlois, *Relativité générale : Des fondements géométriques aux applications astrophysiques*, Paris, Vuibert, 2013.

M. Ludvigsen, *La relativité générale* : *Une approche géométrique*, Paris, Dunod, 2005.

J.-P. Pérez, *Relativité : Fondements et applications*, Paris, Dunod, 2016 (3e ed.).

Index

Table des matières

74849 - (I) - BOU 80° - SOF - NRI
Imprimerie CHIRAT - 42540 Saint-Just-la-Pendue
Dépôt légal : mars 2017
N° 201702.0059

Imprimé en France